“十二五”职业教育国家规划教材
经全国职业教育教材审定委员会审定

电子产品检验技术

DIANZI CHANPIN JIANYAN JISHU

主　编　王　徽　赵　方
副主编　朱海云　高珍珍
主　审　万　忠

语文出版社
·北　京·

图书在版编目（CIP）数据

电子产品检验技术/王徽，赵方主编．—北京：语文出版社，2015.7

ISBN 978-7-5187-0087-5

Ⅰ.①电… Ⅱ.①王… ②赵… Ⅲ.①电子产品-检验-职业教育-教材 Ⅳ.①TN06

中国版本图书馆 CIP 数据核字（2015）第 035174 号

责任编辑 冀丽萍
封面设计 张 涛
出 版 语文出版社
地 址 北京市东城区朝阳门内南小街 51 号 100010
电子信箱 ywcbsywp@163.com
排 版 北京风语纵贯线科技发展有限责任公司
印刷装订 北京艾普海德印刷有限公司
发 行 语文出版社 新华书店经销
规 格 787mm×1092mm
开 本 1/16
印 张 10.25
字 数 210 千字
版 次 2015 年 7 月第 1 版
印 次 2015 年 7 月第 1 次印刷
印 数 1—5,000 册
定 价 24.00 元

010—65253954（咨询）010—65251033（购书）010—65250075（印装质量）

“十二五”职业教育国家规划教材
国家宣传文化发展专项资金项目成果

电子技术应用专业

“十二五”职业教育国家规划教材编写委员会

前言

本书依据国务院关于大力推进职业教育改革和发展的决定，结合教育部关于加快发展职业教育的意见，在深入开展理论与实践一体化教学与学生自主研究性学习课程改革的基础上，根据“以服务为宗旨、以就业为导向、以能力为本位”的职业院校办学指导思想，根据教育部最新颁布的职业院校专业教学标准编写而成。

电子产品检验技术是一门综合性和实践性较强的课程。本书采用项目化的教学方法，在编写上注重内容的实用性、新颖性和可操作性，注重提高学生的实际动手能力、综合应用能力、岗位适应能力和生产实践能力。通过模拟实践训练，帮助学生完成从课堂知识学习到生产工作实践的思想转变，加强学生的标准与规范意识，使学生具备电子产品检验的基本知识和技能，使其成为能够在电子产品生产、服务、技术和管理第一线工作的高素质劳动者和初、中级专业人才。

本书集一线工程师的生产实践与长期从事教学教师的教学实践于一体，具有较强的生产实用性而又易于教学，在内容组织上以产品实现过程为主线，安排了产品开发、产品生产采购、产品生产过程、产品检验过程、组织相关检验、检验要求、检验方法等内容，具有非常强的实际指导意义。在内容上贴近生产实际，突出实用性，强化产品标准的概念，强化了电子产品检验对于电子产品质量的重要性，详细地阐述了电子产品检验的检验依据、检验过程和检验方法，并引入当前流行的 PDCA 全面质量管理方法。

本书共分七个项目，包括认识电子产品检验、电子产品开发过程检验、电子产品元器件来料检验、电子产品生产过程检验、电子产品的可靠性验证、电子产品性能测试及检验仪器、电子产品检验结果的分析与处理。

本书参考学时是 68 学时，推荐教学学时数安排见下表。

项目号	项目名称	学时数（68 学时）		
		学时分配	讲课	实训
1	认识电子产品检验	6	6	
2	电子产品开发过程检验	6	6	
3	电子产品元器件来料检验	14	8	6
4	电子产品生产过程检验	8	8	
5	电子产品的可靠性验证	10	8	2
6	电子产品性能测试及检验仪器	14	8	6
7	电子产品检验结果的分析与处理	10	10	

本书在内容上体现了生产性与实用性，强调产品检验工作对于保证电子产品质量的重要性，强化学生实训过程，通过质量手册、程序文件、操作规范和操作指导书等提高学生的实训效果。

本书在编写过程中力求内容新颖全面、实用，使之符合职业院校“电子产品检验技术”课程教学改革的要求。本书由万忠担任主审，王徽、赵方担任主编，其中王徽负责全书的统稿，并编写项目 4 和项目 7，赵方编写项目 3 和项目 6，朱海云编写项目 2 和项目 5，高珍珍编写项目 1。本书在编写过程中也参考了相关图书、文献资料，在此一并表示感谢。

本书可作为职业技术院校电子技术应用专业，电子电器应用与维修专业，电子与信息技术类专业教材，也可作为电子产品检验人员的培训用书。

由于编者水平有限，书中难免有疏漏和不足之处，敬请广大读者批评指正。

为了满足读者需求，提高教学服务水平，本书配套了相关电子教学资源可登录语文出版社官网：http//ywcbs. com/下载。

编　者

2014. 10

目录

项目1

认识电子产品检验

学习指南

本项目是本课程学习的基础，通过本项目的学习学生应了解 ISO9000 系列标准，掌握电子产品检验的基本概念及分类、电子产品检验要求及一般流程、抽样检验的方式及抽取样本的方法。通过本项目学习学生应熟悉电子产品检验的基本知识及常用检验方法。本项目的重点内容是电子产品检验的分类及方法、质量检验的基本知识、全面质量管理（TQM）的含义、ISO9000 质量标准，难点是电子产品检验的流程及抽样检验的方法。本项目是电子产品检验的基础部分，对整个电子产品的质量起着决定性的作用，是后续项目的基础。本项目的学习应采取理论讲解和学生分组讨论学习的方式。对学生的评价也应以学生对电子产品质量检验的基础知识及 ISO9000 系列标准的理解掌握情况作为主要的评分依据。

思维导图

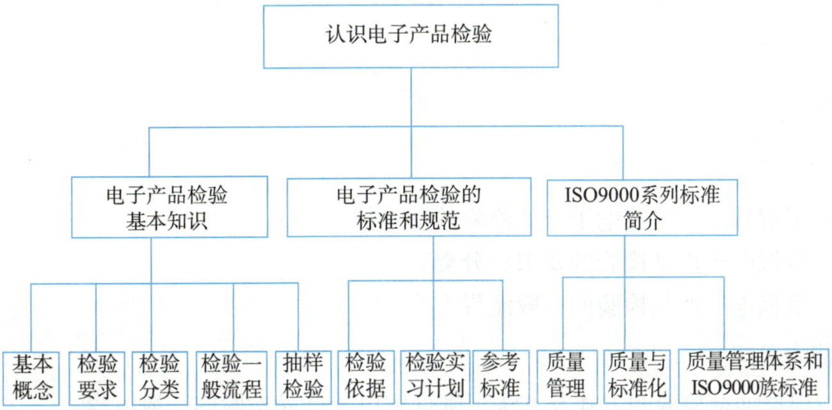

案例导入

质量是企业的生命，产品质量通过贯彻、执行标准和生产过程中的检验把关来保证。产品检验是现代电子企业生产中必不可少的质量监控手段，主要起到对产品生产的过程控制、质量把关、判定产品的合格性等作用。电子产品的检验必须符合国家的相关标准，合理利用正确的检验方法进行产品检验，才能判断电子产品的质量问题，因而了解电子产品检验的一些基本知识是非常有必要的。那么，什么是电子产品检验？如何对电子产品进行质量检验？

案例分析

ISO 技术工作的成果之一是它正式出版的国际标准，即 **ISO 标准**。ISO 在总结各国质量管理经验的基础上，经过各国质量管理专家的努力，于 1987 年正式颁布了 ISO9000“质量管理和质量保证”系列标准，在世界范围内达成了广泛一致，使世界质量管理和质量保证活动有可能统一在共同的基础上。我国同样采用和贯彻 ISO9000 系列标准。随着我国加入 WTO，实施 ISO9000 系列标准并通过质量体系认证已成为企业生存和发展的必然选择。

随着经济全球化进程的推进，每个企业面临的国内外竞争日益加剧，这使得各企业都深刻感到提高产品质量的紧迫感，质量竞争已成为国家竞争和企业竞争的重要因素。从某种意义上说，21 世纪将是质量的世纪。因此，电子产品生产管理者的产品质量意识越来越强，电子产品检验已越发受到生产管理者的重视。要想做一名合格的电子产品检验员，首先必须掌握电子产品检验的一些基本知识，其次要了解电子产品检验的标准和规范；最后要熟悉 ISO9000 系列标准。

1.1 电子产品检验基本知识

学习目标

1. 知识目标

（1）了解质量检验及电子产品检验的基本概念。

（2）掌握电子产品检验的要求和分类。

（3）掌握电子产品检验的一般流程。

2. 能力目标

掌握根据抽样检验的方式及方法正确理解电子产品检验的一般流程。

案例导入

暑假期间，某职业院校电子专业三年级在校学生小王去广州打工，应聘于某生产电子产品公司。在分配岗位时，公司某管理人员让他简述：影响电子产品检验的因素有哪些？电子产品检验的一般流程是什么？

案例分析

小王作为一名电子专业的学生，要想今后能胜任电子产品生产企业的某些岗位，必须首先搞清楚电子产品检验的基本概念、要求和分类，掌握电子产品检验的一般流程及抽样检验的水准及方式、方法等必备知识。

1.1.1 必备知识

一、质量检验的内容及主要功能

1. 检验的定义

检验是通过观察或判断，适当地结合测量、试验所进行的符合性评价（GB/T 19000—2008《质量管理体系》）。

此定义适用于硬件、流程性材料、软件和服务等产品。由于检验的对象不同，检验的方法亦不同。例如，对硬件、流程性材料，其检验的方法可以是测量和试验（分析）；对服务和软件产品，其检验的方法可以是观察和判断。检验是一种符合性的评价，其依据视检验对象不同可以是标准、要求、规定、规范等。

对产品而言质量检验就是对产品的一个或多个质量特性进行观察、测量、试验，并将结果和规定的质量要求进行比较，以确定每项质量特性合格情况的技术性检查活动。

2. 质量检验工作的内容

（1）熟悉规定要求，选择检验方法，制定检验规范。

首先，要熟悉标准和技术文件规定的质量特性和具体内容，确定测量的项目和量值；其次，将一项或几项特性要求转换成明确而具体的质量要求、检验方法、观察方法，确定所用计测设备和观察工具，并将确定的检验方法和方案用技术文件形式做出书面规定；还要制定规范化的检验规程（细则）、检验指导书或绘制成图表形式的检验流程卡、工序检验卡等。

（2）观察和测量（试验）。

按已确定的检验方法和方案，对产品质量特性进行定量或定性的观察、测量和试验，得到需要的量值和结果。观察是指对服务项目实施情况的检查。

（3）记录。

对测量的条件、测量得到的量值和观察得到的技术状态用规范化的格式和要求予以记载或描述，作为客观的质量证据保存下来。

(4) 比较和判定。

由专职人员将检验的结果与规定要求进行对照比较，确定每一项质量特性是否符合规定要求，从而判定被检验的产品是否合格。

(5) 确认和处置。

检验有关人员对检验的记录和判定的结果进行签字确认。对产品（单件或批量）是否可以“接收”“放行”做出处置。对合格品准予放行，并及时转人下道工序或准予入库、出厂。对不合格品，按其程度分别情况做出返修、返工或报废处置。对批量产品，根据产品批质量情况和检验判定结果分别做出接收、拒收、复检等处置。

3. 质量检验主要功能

(1) 鉴别功能。

根据技术标准、产品图样、工艺规程或订货合同的规定，采用相应的检测方法，观察、试验、测量产品质量特性，判断产品质量是否符合规定的要求，这是质量检验的鉴别功能。主要由专职检验人员完成。还可以对产品质量水平进行评价，并借以评价质量管理体系某些过程的符合性和有效性。

(2)“把关”功能。

质量“把关”是质量检验最基本的功能。产品形成的生产制造过程是一个复杂过程，影响质量的各种因素都会在生产过程中发生变化和波动，生产的各过程（工序）不可能始终处于等同的技术状态，质量波动是客观存在的。因此，必须通过严格的质量检验，剔除不合格品并予以“隔离”，实现不合格的原料不投产，不合格的零件不转序、不装配，不合格的产品不出厂，严把质量关，实现“把关”功能。这种“隔离”措施主要由生产管理人员来完成。

(3) 预防功能。

现代质量检验不单纯是事后“把关”，还同时起到预防的作用。实际上对原材料和外购件的进货检验，对半成品转序或入库前的检验，既起“把关”作用，又起预防作用。前工序的“把关”，对后工序就是预防，特别是应用现代数理统计方法对检验数据进行分析，就能找到或发现质量变异的特征和规律。利用这些特征和规律就能改善质量状况，预防不稳定生产状况的出现。

(4) 报告功能。

为了使生产的管理部门及时掌握生产过程中的质量状况，评价和分析质量控制的有效性，把检验获取的数据和信息经汇总、整理、分析写成报告，为质量控制、质量改进、质量考核以及管理层进行质量决策提供重要依据。

根据质量检验的职能，质量检验在质量管理体系运行中有以下作用：评价作用、“把关”作用、预防作用、信息反馈作用和实现产品的可追溯性。

二、电子产品检验的基本概念

电子产品检验是对电子产品是否达到质量要求所采取的作业技术和活动，是由质量检验部门按规定的测试手段和方法，对原材料、元器件、零件和整机进行的质量检测和判断。影响电子产品检验的条件，即六个因素，简称**“5M1E”**。人员（Man）、机器（Machine）、材料（Material）、方法（Method）、测试（Measurement）、环境（Environment）。

三、电子产品检验的要求

电子产品检验的目的是判定产品对标准的符合性，任何一款电子产品，必须符合产品所在生产/市场的国家相关法律法规要求，如果该产品有国家标准则必须符合国家标准的要求，如果该产品有行业标准则必须符合行业标准的要求，如果没有国家标准也没有行业标准，则必须符合企业标准的要求。

1. 法律法规要求

中华人民共和国的《电子信息产品污染控制管理办法》俗称**中国的 R_0HS**，是为控制和减少电子信息产品废弃后对环境造成的污染，促进生产和销售低污染电子信息产品，保护环境和人体健康，在中华人民共和国境内生产、销售和进口电子信息产品过程中控制和减少电子信息产品对环境造成污染及产生其他公害，适用本办法。但是，出口产品的生产除外，

该《管理办法》明确要求：电子信息产品设计者在设计电子信息产品时，应符合电子信息产品有毒、有害物质或元素控制国家标准或行业标准，在满足工艺要求的前提下，采用无毒、无害或低毒、低害、易于降解、便于回收利用的方案。

R0HS 指令主要针对电子产品中的铅 Pb、镉 Cd、汞 Hg、六价铬 Cr6 +、多溴联苯 PBBs、多溴联苯醚 PBDEs 六种有害物质进行限制。指令的涵盖范围为 AC1000V、DC1500V 以下由目录所列出的电子、电气产品（特别指明豁免的除外，如压电陶瓷类）。

（1）大型家用电器：冰箱、洗衣机、微波炉、空调等；

（2）小型家用电器：吸尘器、电熨斗、电吹风、烤箱、钟表等；

（3）IT 及通信仪表：计算机、传真机、电话机、手机等；

（4）民用装置：收音机、电视机、录像机、乐器等；

（5）照明器具：除家庭用照明外的荧光灯等，照明控制装置；

（6）电动工具：电钻、车床、焊接、喷雾器等（需安装的大型产业工具除外）；

（7）玩具/娱乐、体育器械：电动车、电视游戏机；

（8）医疗器械：放射线治疗仪、心电图测试仪、分析仪器等；

（9）监视/控制装置：烟雾探测器、恒温箱、工厂用监视控制机等；

（10）自动售货机等。

实际上，德国、英国、日本、美国等国家针对电子、电气设备的生产、销售均有自己的相关法律法规，相关产品要在这些国家和地区生产、销售时必须符合当地的法律法规。

2. 产品使用安全性要求

从安全系统工程学上讲，安全一般是指没有危险，国外有时称为无事故。产品的

安全性就是指产品在制作、安装、使用和维修过程中没有危险，不会引起人员伤亡和财产损坏事故。产品的安全性包括的范围很广，（GB/T25295－2010《电气设备安全设计导则》）对电气设备安全设计提出了21条具体要求，根据可能发生事故的类型，可以将产品的安全性归纳为机械安全性、电气安全性、化学安全性三个方面，根据可能发生危险的不同因素，安全性可分为功能安全性，结构安全性、材料安全性、使用安全性、保护安全性、标志安全性、运输安全性、环境安全性等方面。

显然，任何产品在投入使用前均必须确保产品的安全性，必要时均必须经过相关专业的安全检测。

3. 产品使用功能上要求

产品存在的价值在于其可以满足客户的使用功能上的要求，但确认产品能否满足客户使用要求，必须经过相应的功能测试。

功能测试又称黑盒测试、数据驱动测试或基于规范的测试。用这种方法进行测试时，被测产品被当做看不见内部的黑盒。在完全不考虑产品内部结构和内部特性的情况下，测试者仅依据产品功能的需求规范考虑确定功能结果的正确性。因此黑盒测试是从用户的观点出发进行的测试，黑盒测试直观的想法就是既然产品被规定做某些事了，那我们就看看它是不是在任何情况下都实现该功能。完整的“任何情况”是无法验证的，因此黑盒测试也有一套产生测试用例的方法，以产生有限的测试用例而覆盖足够多的“任何情况”。

4. 产品使用外观上要求

科学技术日新月异，市场竞争日趋激烈，产品更新异常加速。设计师必须根据自己团体和其他厂商的实际情况、国内市场和国外市场的设计现状，以及消费者的消费行为，尽可能收集有关信息，经过思考整理后，预测今后两年的设计发展方向，并融入到自己的设计中去，做出消费者喜欢的好设计，并保持其一贯风格预测。当然能预测今后五年甚至更多年的设计发展趋势实属大智慧，但是人的能力毕竟是有限的，因此预测的时间性和准确性也是有限的，能准确预测今后两年的设计发展趋势实属难能可贵。有了这个方向，也是做好设计的前提和依据。设计师只有设计出产品之后才真正知道是否受市场欢迎，而市场却要求产品生产之前就是受欢迎的，否则就浪费人力、财力和物力。这就更说明预测今后两年的设计发展趋势多么重要。

四、电子产品检验的分类

1. 按检验数分类

（1）全检。就是对在一定条件下生产出来的全部单位产品均必须进行检验的要求。

全检的适应范围：

①批量太小，失去抽检意义时；

②检验手续简单，不至于浪费大量人力、经费时；

③不允许不良品存在，该不良品对制品有致命影响时；

④工程能力不足；

⑤其不良率超过规定、无法保证品质时；

⑥为了解该批制品实际品质状况时。

（2）抽检。就是按照一定的抽样标准及抽样方法，从检验批中抽取一定数量的单位产品进行检验的方法。

抽检的适用范围：

①产量大、批量大，且是连续生产无法作全检时；

②进行破坏性测试时；

③允许存在某种程度的不良品时；

④需要减少检验时间和经费时；

⑤刺激生产者要注意品质时；

⑥满足消费者要求时。

（3）免检就是对在一定条件下生产出来的全部单位产品免于检验。

特别注意：免检并非放弃检验，应加强生产过程质量的监督，一有异常，拿出有效措施。

免检的适用范围：

①生产过程相对稳定，对后续生产无影响；

②国家批准的免检产品及产品质量认证产品的无试验买入时；

③长期检验证明质量优良，使用信誉高的产品的交收中，双方认可生产方的检验结果，不再进行进料检验。

2. 按工序流程分

检验按工序流程可分为IQC、IPQC（可再分为：首件检验、转工序检验）、FQC、OQC、驻厂QC。

（1）进货检验、进料检验（Incoming Quality Control，IQC）。

①工厂在生产之前首先要对外面购买或定做的结构件、零件、部件、元器件按照检验工艺要求进行检验，并做好检验记录、填写好检验报告。合格的做好标识送入元器件仓库。结构件、零件、部件、元器件仓库根据生产任务单发料，车间根据生产任务单领取材料进行生产。

②首件检验：指在生产开始（或上班、下班）时及工序因素调整后（换人、换料、设备调整等）对制造的第1~5件产品进行的检验。

首件检验由操作者、检验员共同检验，操作者首先进行自检，合格后送检验员专检。

首件检验的目的：为了尽早发现生产过程中影响产品质量的系统因素，防止产品成批报废。

（2）过程检验、流水检验（In-process Quality Control，IPQC）。

一般分为PCB板装配检验、焊接检验、单板调试检验、组装合拢检验、总装调试检验、成品检验。通过严格的过程检验，才能保证合格产品进入下一道工序，对检查出的不合格，做出标识、记录、隔离、评价和处理，并通知有关部门，作为纠正或纠正措施的依据。

(3) 最终检验也称为成品检验、出货检验（Final Quality Control，FQC；Outgoing Quality Control，OQC）。

是产品完工后和入库前或发到用户手中之前进行的一次全面检验。对电子整机产品生产企业而言，成品检验也称为整机检验，检验类型一般分为三种：即交收试验、定型试验和例行试验。

3. 按检验人责任分

(1) 自检。

自检是指生产工人在产品制造过程中，按照质量标准和有关技术文件的要求，对自己生产中产品或完成的工作任务，按照规定的时间和数量进行自我检验，把不合格品主动地“挑”出来，防止流入下道工序。

自检的作用：

①有利于对生产过程中的每一个零件，每一道工序进行严格监督，层层把关，防止废次品流入下道工序；

②提高检验工作效率，减少专检人员的工作量，节约检验费用；

③生产工人可以及时了解自己工作的质量状况及时改进，使工艺过程始终保持稳定状态，从而提高产品质量。

(2) 互检。

互检是指生产工人之间对生产的产品或完成的工作任务进行相互的质量检验。

互检的方法：

①同一班组相同工序的工人相互之间进行质量检验；

②班组质量管理员对本班组工人生产的产品质量进行抽检；

③下道工序的工人对上道工序转来的产品进行检验；

④交接班工人之间对所交接的有关事项（包括质量）进行检验；

⑤班组之间对各自承担的作业进行检验。

注：质量互检要求每个操作者，特别要注意对前道工序加工件的检验。

(3) 专职检。

由专职检验人员检验。

4. 按检验场所分

按检验场所分工序专检和线上过程检验，外发检验、库存检验、客处检验。

五、电子产品检验的一般流程

电子产品检验的一般流程，如图 1－1 所示。

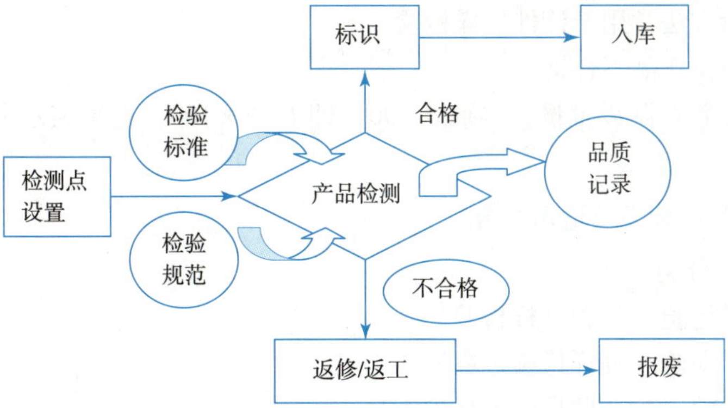

图 1-1　电子产品检验的一般流程

六、抽样检验

1. 抽样检验的几个基本概念

（1）抽样检验是按照规定的抽样方案，随机从交检批中抽取个体作为样本进行检验，根据样本检验的结果判定一批产品是否接收。

（2）批量。指检验批中单位产品的数量，用符号 N 表示。

（3）不合格。在抽样检验中，不合格是指单位产品的任何一个质量特性不符合规定要求。通常根据不合格的严重程度必要时将它们进行分类。例如：

A 类不合格：最被关注的一种不合格：单位产品的重要特性不符合规定要求，使用后会对使用者的生命、财产带来严重的危害。

B 类不合格：关注程度比 A 类稍低的一种类型的不合格：单位产品的重要特性（性能）不符合规定要求，但使用后不会给使用者的生命、财产带来危害。

C 类不合格：关注程度低于 B 类的不合格：单位产品的一般特性不符合规定（如外观不良），使用后不会对产品的功能、性能以及使用者的生命、财产安全带来影响。

注：A 类不合格品：包括 1 个或 1 个以上 A 类不合格，可能有 B 类和（或）C 类不合格的产品。

B 类不合格品：包括 1 个或 1 个以上 B 类不合格，可能有 C 类不合格，但不包含 A 类不合格的产品。

C 类不合格品：包括 1 个或 1 个以上 C 类不合格，不包含 A、B 类不合格的产品。

（4）批质量。

指单个提交检验批产品的质量，通常用 p 表示。在计数抽样检验中衡量批质量的方法有：

①批不合格品率 p。

批的不合格品数 D 除以批量 N，即 $p = D/N$

②批不合格品百分数。

批的不合格品数除以批量，再乘以 100，即 $100p = D/N \times 100$

这两种表示方法常用于计件抽样检验。

③批每百单位产品不合格数。

批的不合格数 C 除以批量，再乘以 100，即 $C/N\times100$，这种表示方法常用于计点检验。

2. 抽样检验的分类及适用场合

（1）按目的分类。

预防性抽样检验（过程抽样检验）。

验收性抽样检验（抽样检验过程）。

监督抽样检验（如质监局的抽样检查）。

（2）按检验特性值属性分类。

①计数抽样检验。

计件：根据被检样本的不合格数，推断整批产品接受与否。

计点：根据被检样本中产品包含的不合格数，推断整批产品的接受与否。一般适用产品外观，如布匹上的瑕疵。

②计量抽样检验。通过测量被检样本中的产品质量特性的具体数值，并与标准进行比较，进而推断整批产品的接收与否。

（3）按抽取样本的次数分类。

一次抽样检验（只做一次抽样的检验）；

二次抽样检验（最多抽样两次的检验）；

多次抽样检验（最多 5 次抽样的检验）；

序贯抽样检验（事先不规定抽样次数，每次只抽一个单位产品，即样本量为 1，据累积不合格品数判定批合格/不合格还是继续抽样时适用。针对价格昂贵、件数少的产品可使用）。

（4）按是否调整抽样检验方案分类。

调整型抽样方案：

特点：①有转移规则（正常、加严、放宽）；

②一组抽样方案（一次、二次、多次）；

③充分利用产品的质量历史信息来调整，可降低检验成本。

非调整型抽样方案：

特点：只有一个方案，无转移规则。

抽样检验并非任何场合都适合，有些可以做抽样检验，有些就非得做全检不可。主要是看检验群体的性质、数量、体积大小或检验所产生的经费或者检验方式而定。

抽样检验的适用场合：

①属于破坏性检验，如材料强度试验；

②检验群体非常多，如贴片电阻、贴片电容等；

③检验群体体积非常大，如原棉等；

④产品属于连续体的物品，如纱线等；

⑤希望节省检验费用。

3. 抽样检验的水准及 OC 曲线

（1）允收水准 AQL。

AQL 是对过程平均不合格率规定的、认为满意的最大值，可以将它看做可接收的过程平均不合格率和可接受之间的界限。换句话说，如果正在生产的产品大多数批的平均品质至少达到允许水准 AQL，生产过程可认为是满意的。

AQL 的考虑原则：

①对使用要求较高的产品，AQL 要小些，如军用 AQL≤工业用 AQL≤民用 AQL；

②影响较严重的不合格品或不合格项，AQL 要小些，如电气性能 AQL≤机械性能 AQL≤外观性能 AQL；

③贵重物品或装配到贵重产品的配件产品，AQL 应小些；

④检验项目少或检验费用较低的产品，AQL 可小些；

⑤不易由下一道工序发现剔除的不合格项（品）或质量发现却无法剔除，或虽能剔除但将造成较大损失的 AQL 应小些。

（2）检验水准。

检验水准确定了批量和样本大小之间的关系，如果批量大，样本数也随之增大，但不是按比例增大，对大批量样本所占的比例要比小批量中样品所占的比例小。检验水准一般常用的有一般检验水准Ⅰ、Ⅱ、Ⅲ、Ⅳ和四个特殊检验水准 S－1、S－2、S－3、S－4。一般检验水准最常用，除了特殊规定使用别的检验水准外，通常使用检验水准Ⅱ，特殊检验水准 S－1、S－2、S－3、S－4，一般在破坏性检查时采用。

检验水准Ⅰ给定的样本大小约比检验水准Ⅱ的小一半、而检验水准Ⅲ给定的样本大小约为检验水准Ⅱ的 1.5 倍。

（3）OC 曲线。

根据给定的抽样方案，把具有给定质量水平的交检批判为接收的概率称为接收概率。当抽样方案不变时，对于不同质量水平的批接收概率不同。

设采用抽样方案（n丨Ac，Re）进行抽样检验，用 $P_a(p)$ 表示批质量为 p 时抽样方案的接收概率：$P_a(p)=\Sigma p$ 称所给定的函数 $P_a(p)$ 为抽样方案（n丨A_c，R_e）的抽检特性函数，简称 OC 函数。曲线称为抽样方案的抽检特性曲线，简称 OC 曲线，也称接收概率曲线。

每个抽样方案，都有它特定的 OC 曲线。我们来看 OC 曲线，如图 1－2 所示。

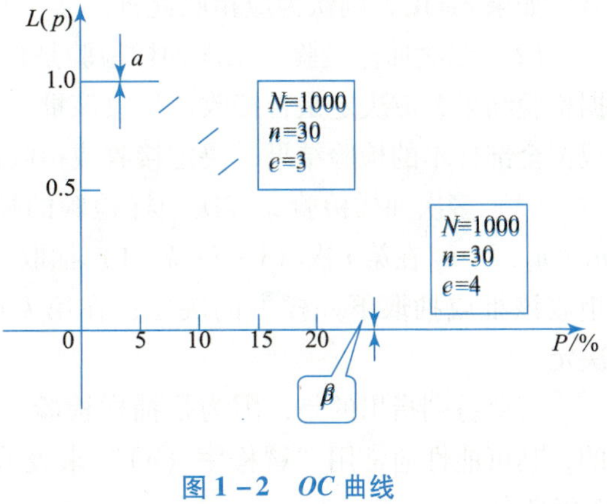

图 1－2 OC 曲线

假设有这样一批产品，其批质量 $p<$AQL（合格质量水平）、因此如果是理想的抽样检验，这批产品应以 $P_a=1$

的概率接收，因为它确属合格批，但我们从实际 OC 曲线上看到，只有 $p=0$ 时，才会 100% 地接收，而当 p 在 0 与 AQL 值之间时，接收率均小于 1，这 P_a 与 1 之间的差值 $(1-P_a)$ 即为拒收合格批的概率，即生产方风险 $a=1-P_a(p)$（小于等于 AQL 值），这时，批质量 p 越小，其对应的 a 值也就越小，当 $p=$ AQL 值时，生产方风险达到最大值 $a=1-P_a$（AQL 值）。

反过来，如果我们规定一旦 p 大于 AQL 值的产品批即为不合格批，那么这时的批接收概率主要是使用方风险 β。因为，这时将批不合格产品判为合格批而接收了，所以 $\beta=P_a(p)$（p 大于 AQL 值）、这时 β 随批质量增大而减小，当 p 无限接收 AQL 值（p 大于 AQL 值）时，β 达到最大，$\beta\approx P_a$（AQL 值）、也无限靠近合格质量水平的接收概率。

这里我们可以得出这样一个公式：$a_{max}=1-\beta_{max}$

也就是说在只规定一个合格质量水平时，不可能得到一个 a 和 β 都比较小的抽样方案。

事实上，当产品批的 p 值刚超过 AQL 值不太多时，其质量还没有显著变坏，还不必要马上定为不合格批，我们可以再设定一个大于 AQL 值的值为另一个质量界限，称为不合格质量水平只 RQL，只有批质量 p 达到或劣于（大于等于）这个数值后，才判为不合格批。做了这样的设定后，抽样风险 a 与 β 的最大值就变为 $a=1-P_a$（AQL 值）、$\beta\approx P_a$（RQL 值）。

如果 AQL，RQL 和抽样方案（n | A_c）选择得当，我们就有可能把 a 和 β 值限制在产方和使用方双方都能接受的水平之内，对双方都提供满意的保护。标准型抽样方案就是根据这一思路设计的。

4. 抽样检验的方式

（1）一次抽样检验。根据从批中一次抽取的样本的检验结果、决定是否接收该批叫做“一次抽样检验”，一次抽样检验结果取决于样本 n 对应的接收数 A_c、拒收数 R_e，样本中检验发现的缺陷或缺陷产品数 r，则：

如果 $r\leqslant A_c$，则认为可接收此批；

如果 $r\geqslant R_e$，则认为应拒收此批。

（2）二次抽样检验。二次抽样检验是首先从批中抽取样本量为 n_1 的第一样本，根据检验结果，或决定是否接收或拒收该批，或决定再抽取样本量为 n_2 的第二样本。再根据全部样本的检验结果，决定接收或拒收该批。

（3）多次抽样检验。多次抽样检验的抽样至多 k 次（$k>3$）、每次样本量分别为 n_1、n_2、$\cdots n_k$ 在第 i 次（$1<i<k-1$）抽取样本后，根据样本累积结果做出接收该批或拒收该批或抽取下一样本的决定；在第 k 次抽取样本后必须做出接收或拒收该批的决定。

需要特别指出的是，因为是抽样检验，将不合格批误判为合格批的可能性是存在的，其可能性通常用“冒检率（a）”来表示，例如，日本家用电器的冒险率为0.1%～0.05%外。

5. 抽取样本的方法

（1）样本的抽取。

①样本抽取的关键是尽量做到“随机化”。随机抽样方法很多，常用的抽样方法有：简单随机抽样法、系统抽样法、分层抽样法、整群抽样法。

②一般应按简单随机抽样从批中抽取样本，但当批是由子批或层组成时，应使用分层抽样。

③样本应在批生产出来以后或批生产期间抽取，当使用二次或多次抽样时，每个后继样本应从同一批剩余部分中抽取。

（2）抽样方案及对批的可接收性的判断。

在（GB/T2828. 1—2012《计数抽样检验程序第 1 部分：按接收质量（AQL）检索的逐批检验抽样计划》）中的抽样方案包括 1 次、2 次及多次（5 次）抽样。根据样本中的不合格（品）数及接收准则来判断是接收批、不接收批还是需要抽取下一个样本。例如，对于 5 次抽样方案，至多抽取 5 个样本就必须作出对批可接收性的判断，即做出“接收”还是“不接收”批的结论。

对于产品具有多个质量特性且分别需要检验的情形，只有当该批产品的所有抽样方案检验结果均为接收时，才能判定该批产品最终接收。

（3）转移规则。

①从正常检验转到加严检验。

检验一般从正常检验开始，只要初检（即第一次提交检验，而不是不接收批经过返修或挑选后再次提交检验）批中，连续 5 批或不到 5 批中就有 2 批不接收，则就从下批起转到加严检验。

②从加严检验转到正常检验。

进行加严检验时，如果连续 5 批初次检验接收，则从下批起恢复正常检验。

③从正常检验转到放宽检验。

从正常检验转为放宽检验必须同时满足下列三个条件，缺一不可。

a. 当前的转移得分至少是 30 分。这里转移得分是在正常检验情况下，用于确定当前的检验结果是否足以允许转移到放宽检验的一种指示数。

b. 生产稳定。

c. 负责部门认为放宽检验可取。

④从放宽检验转到正常检验。

进行放宽检验时，如果出现下面任何一种情况，就必须转回正常检验：有 1 批检验不接收；生产不稳定或延迟；负责部门认为有必要恢复正常检验。

⑤暂停检验。

加严检验开始，累计 5 批加严检验不接收时，原则上应停止检验，只有采取了改进措施后，经负责部门同意，才能恢复检验。此时检验应从加严检验开始。

由正常检验转为加严检验是强制执行的，由正常转为放宽检验是非强制的。在生产过程质量变坏时，只有通过转为加严检验才能保护使用方的利益。

1.1.2 总结提升

本节主要讲述了电子产品检验的基本概念、要求和分类。通过本节内容的学习学生应明确电子产品检验的一般流程及抽样检验的方式和方法。

1.1.3 活动安排

教师将本班学生分为几个小组，每小组围绕以下几个问题进行讨论学习：

（1）自述电子产品检验的一般流程是什么？

（2）电子产品检验的分类都有哪些？

（3）抽样检验的方式有哪些？

（4）允许水准（AQL）的原则是什么？

讨论结束后，让各小组分别派代表上台讲解讨论结果，总结本节课所讲内容的重点，让学生充分展现自我，加深对本节内容的理解。

1.2 电子产品的检验标准和规范

学习目标

1. 知识目标

（1）了解电子产品质量检验的依据。

（2）了解电子产品在检验实习过程中参考的实习标准。

（3）掌握电子产品检验实习计划主要内容。

2. 能力目标

在电子产品检验的过程中能根据电子产品质量检验的依据，正确理解并掌握电子产品检验实习计划主要内容及参考的实习标准。

案例导入

小刘想就职于某电子公司的检验员，可他对电子产品检验的标准和规范不太了解，那么，他该如何对电子产品进行检验？检验的依据和标准又是什么？

案例分析

要想做好此工作做一名合格的检验员，小刘首先必须要了解质量检验的依据；其次要了解基于电子与信息类专业范围的电子产品检验实习计划的主要内容；还要具备电子产品检验实习的标准等必备知识。

1.2.1 必备知识

一、检验依据

质量检验的依据是技术标准（包括服务标准）、产品图样、制造工艺以及有关技术文件。

产品的质量特性一般都转化为具体的技术要求在产品的技术标准（国家标准、行业标准、企业标准）和其他相关的产品设计图样、工艺制造技术文件中明确规定，是质量检验的依据和检验后比较检验结果的基准。经对照比较确定每项受检验的特性是否符合标准规范的要求。

质量检验是要对产品的一个或多个质量特性进行观察、试验、测量，因此，需要有相应的手段，包括计量检测器具、仪表、仪器试验设备，并且实施有效控制，保持所需的准确度和精密度。

质量检验的结果要依据产品技术标准和相关的产品图样、工艺制造技术文件的规定进行对比，确定每项质量特性是否合格，从而对产品质量进行判定。

为确保检验的工作质量，必须对检验过程进行控制，即制定并保持检验的文件化程序，包括检验的管理性程序以及具体实施检验的技术性程序。

二、检验实习计划

质量检验计划就是对检验涉及的活动、过程和资源做出的规范化的书面（文件）规定，用以指导检验活动正确、有序、协调地进行。

基于电子与信息类专业范围的电子产品检验，主要是电子整机产品电性能技术指标的检测，检验实习计划主要内容有：

（1）依据ISO9001标准模拟建立和保持电子产品检验实习的质量体系并使之文件化，即质量手册和程序文件，对实习过程进行有效控制，包括检验过程的控制。

（2）根据选择的检验对象（电子整机产品）和检验项目，建立电子产品检验的工艺化技术文件，即技术条件和测量方法、操作指导书、作业注意书、仪器操作规程。

（3）建立质量记录文件，如仪器设备管理使用记录和检验报告。

三、参考标准

电子产品检验实习是建立在质量管理体系下的一种技术活动，这个活动的过程中可以参考用的实习标准如下（推荐电子整机产品）。

1. 质量管理类标准

（1）电子产品检验实习质量手册；

（2）电子产品检验实习控制程序；

（3）电子产品最终检验控制程序；

(4) 检验仪器设备控制程序。

2. 技术类标准

(1) 收音机技术条件和测量方法;

(2) 录音机技术条件和测量方法;

(3) 激光唱机技术条件和测量方法。

3. 工作类标准

(1) 仪器操作规程;

(2) 收音机操作指导书和作业注意书;

(3) 录音机操作指导书和作业注意书;

(4) 激光唱机操作指导书和作业注意书。

1.2.2 总结提升

本节主要讲述了电子产品的检验标准和规范，通过本节内容的学习学生应该掌握电子产品质量检验的依据、检验实习计划主要内容及参考的实习标准。

1.2.3 活动安排

把学生分成几个小组讨论学习，让每组学生通过查阅各种资料，写出电子产品检验的相关标准及规范，然后让各小组分别派代表上台展示，写出本节课内容中未介绍到的电子产品检验的其他的相关标准及规范，加深对本节内容的充分理解。

1.3 ISO9000 系列标准简介

学习目标

1. 知识目标

(1) 了解质量与质量管理的概念及全面质量管理的含义;

(2) 了解标准与标准化的概念及企业标准化的概念与类别;

(3) 掌握质量管理体系和 ISO9000 族标准。

2. 能力目标

在电子产品检验的过程中能根据所学质量标准及 ISO9000 族标准实施质量检验工作，培养学生的质量与效益意识。

案例导入

某职业院校学生小李毕业后应聘于广州某电子公司，担任管理工作。该公司已获得了 ISO9000 认证，可小李不知道什么是质量管理体系、标准及标准化是什么。ISO9000 系列标准是什么？他该如何应对呢？

案例分析

为了能够胜任公司的管理工作，小李必须要了解质量与质量管理的概念及全面质量管理的含义；要了解标准与标准化的概念及企业标准化的概念与类别，掌握质量管理体系和 ISO9000 系列标准等必备知识。

1.3.1 必备知识

一、质量与质量管理

1. 质量

（1）定义：一组固有特性满足要求的程度。

注1：术语“质量”可使用形容词如差、好或优秀来表示。

注2：“固有的”（其反义是“赋予的”）就是指某事或某物中本来就有的，尤其是那种永久的特性。

质量反映为“满足要求的程度”。特性是固有的，与要求相比较，满足要求的程度反映质量的好坏。

质量的内涵由一组固有的特性组成，并且这些固有特性是以满足顾客及其他相关方所要求的能力加以表征。质量具有广义性、时效性和相对性。

（2）质量特性。

定义：产品、过程或体系与要求有关的固有特性。

注：赋予产品、过程或体系的特性（如产品的价格，产品的所有者），不是它们的质量特性。

质量概念的关键是“满足要求”，这些“要求”必须转化为有指标的特性，作为评价、检验和考核的依据。由于顾客的需求多种多样，所以反映产品质量的特性也是多种多样的。它包括：性能、适用性、可信性（可用性、可靠性、维修性）、安全性、环境、经济性和美学。质量特性有的是能测量的，有的是不能够测量的。实际工作中，必须把不可测量的特性转换成可以测量的代用质量特性。

产品质量特性有：内在特性、外在特性、经济特性、商业特性，还有其他方面的特性，如安全、环境等。质量的适用性就是建立在质量特性基础之上的。

2. 质量管理

（1）定义：在质量方面指挥和控制组织的协调的活动称为质量管理。

质量管理是以质量管理体系为载体，通过建立质量方针和质量目标，并为实施规定的质量目标进行质量策划，实施质量控制和质量保证，开展质量改进等活动予以实现的。

质量管理的主要职能是确定质量方针和目标，确定质量职责、权限和建立质量管理体系并使其有效运行。

（2）全面质量管理。

全面质量管理阶段始于20世纪60年代初期。60年代以来，随着科学技术和管理理论的发展，出现了一些关于产品质量的新概念，如“安全性”“可靠性”与“经济性”等。把质量问题作为一个系统来进行分析研究，并出现了依靠员工自我控制的“零缺陷运动”（简称ZD运动）及质量管理（QM）小组活动等。

全面质量管理（简称TQM）的含义可表述为：以质量为中心，以全员参与为基础，通过让顾客满意和本组织所有者、员工、供方、合作伙伴或社会等相关方收益而达到长期成功的一种管理途径。全面质量管理的概念最早由美国通用电气公司的菲根堡姆提出，他指出：“全面质量管理是为了能够在最经济的水平上考虑到充分满足用户需求的条件下进行市场研究、设计、生产和服务，把企业各部门的研制质量、维持质量和提高质量的活动构成一体的有效体系。”菲根堡姆首次提出了质量体系的问题，提出质量管理的主要任务是建立质量体系，这在当时是一个全新的见解和理念，具有划时代意义。

全面质量管理强调企业从上层管理人员到全体职工“全员参加”把生产、技术、经营管理和统计方法等有机地结合起来，建立一整套完善的质量管理工作体系。这个体系涉及产品形成的全过程，如市场调查、研究、设计、试验、工艺、工装、原材料和外购件的合理供应，生产、计划、检查、行政管理和经营管理、销售以及售后服务等环节。将用户使用中提出的意见和要求作为企业改进和提高产品质量的依据。

国际标准化组织（ISO）的宗旨是在全世界范围内促进标准化工作的开展，以利于产品和服务的国际交往，并不断扩大在知识、科学、技术和经济方面的合作。其主要工作是制定、修订国际标准。ISO技术工作的成果之一是它正式出版的国际标准，即ISO标准。

现在，质量管理已进入世界性的质量管理标准化新阶段。ISO于1987年3月正式发布ISO9000“质量管理和质量保证”系列标准。此后，经过1994年、2000年、2008年等多次修订，于2008年10月29日颁布2005年版ISO9000族标准（系列标准）。我国等同采用2005年版ISO9000族标准，2009年5月1日实施。从此，我国质量管理工作共同遵循ISO发布的一系列“质量管理”方面的国际标准，使世界性的质量管理又进入了一个崭新的阶段。

二、质量与标准化

质量管理与标准化有着密切的关系，标准化是质量管理的依据和基础，产品（包括服务）质量的形成，必须用一系列标准来控制和指导设计、生产和使用的全过程。因此，标准化活动贯穿于质量管理的始终。

1. 标准和标准化

（1）标准的定义。

在一定范围内获得最佳秩序，对活动或其结果规定共同的、反复使用的规则或特性文件。该文件经协商一致制定并经过公认机构的批准。标准应以科学、技术和经验的综合成果为基础，以促进最佳社会效益为目的。

可见，标准是一种文件，而且是一种特殊文件。其特殊性主要表现在以下五个方面：

①是经过公认机构批准的文件。例如，国际标准（ISO 标准）是经过 ISO 批准的标准；中华人民共和国国家标准（GB 标准）是由国务院标准化行政主管部门审批、编号、公布的标准。

②是根据科学、技术和经验成果制定的文件。

③是在兼顾各有关方面利益的基础上，经过协商一致而制定的文件。

④是可以重复和普遍应用的文件。

⑤是公众可以得到的文件。

（2）标准化的定义。

在一定范围内获得最佳秩序，对实际或潜在的问题制定共同的和重复使用的规则的活动。上述活动主要包括制定、发布及实施标准的过程。

标准化的重要意义是改进产品、过程和服务的适用性，减少和消除贸易技术壁垒，并促进技术合作。

可见，标准化是一个活动过程，主要是制定标准，宣传贯彻标准，对标准的实施进行监督管理，根据标准实施情况修订标准的过程。这个过程不是一次性的，而是一个不断循环、不断提高、不断发展的运动过程。每完成一个循环，标准化的水平和效益就提高一步。

标准是标准化活动的产物。标准化的目的和作用都是通过制定和贯彻具体的标准来实现的，所以标准化活动不能脱离制定、修订和贯彻标准，这是标准化最主要的内容。

（3）我国标准的分级和标准的性质。

《中华人民共和国标准化法》规定，我国标准分为四级：

①国家标准：需要在全国范围内统一的技术要求。强制性国家标准的代号为“GB”，推荐性国家标准的代号为“GB/T”。国家标准的编号由国家标准的代号、国家标准发布的顺序号和国家标准发布的年号三部分构成。

②行业标准：没有国家标准而又需要在全国某个行业范围内统一的技术要求。

③地方标准：没有国家标准和行业标准而又需要在省、自治区、直辖市范围内统一的工业产品的安全、卫生要求。

④企业标准：没有国家标准和行业标准的企业生产的产品，应当制定企业标准，作为组织生产的依据。已有国家标准或者行业标准的，国家鼓励企业制定严于国家标准或者行业标准的企业标准，在企业内部适用。

国家标准、行业标准分为强制性标准和推荐性标准，强制性标准，必须执行。不符合强制性标准的产品，禁止生产、销售和进口。推荐性标准，国家鼓励企业自愿采用。

国家鼓励行业、企业积极采用国际标准。采用国际标准是我国一项重要的技术经济政策，采用国际标准分为等同采用（idt）、等效采用（eqv）和参照采用（neq）。我国许多技术性标准参照采用国际标准。我国2008年等同采用ISO9000系列标准（2005版），国家标准编号为GB/T19000—2008系列标准。

2. 企业标准化

企业标准化是指以提高经济效益为目标，以搞好生产、管理、技术和营销等各项工作为主要内容，制定、贯彻实施和管理维护标准的一种有组织的活动。企业标准是企业组织生产、经营活动的依据。

企业内部的标准按其内在联系形成科学的有机整体，构成企业标准体系。主要分为技术标准、管理标准和工作标准。

（1）技术标准。

针对标准化领域中需要协调统一的技术事项所制定的标准。主要包括：技术基础标准、设计标准、产品标准、采购技术标准、工艺标准、工装标准、原材料及半成品标准、能源和公用设施技术标准、信息技术标准、设备技术标准、零部件和器件标准、包装和储运标准、检验和试验方法标准、安全技术标准、职业卫生和环境保护标准等。

（2）管理标准。

针对企业标准化领域中需要协调统一的管理事项所制定的标准。主要包括：管理基础标准、营销管理标准、设计与开发管理标准、采购管理标准、生产管理标准、设备管理标准、产品验证管理标准、不合格品纠正措施管理标准、人员管理标准、安全管理标准、环境保护和卫生管理标准、能源管理标准和质量成本管理标准等。

（3）工作标准。

针对企业标准化领域中需要协调统一的工作事项所制定的标准。主要包括：中层以上管理人员通用工作标准、一般管理人员通用工作标准和操作人员通用工作标准等。

综上所述，技术标准、管理标准和工作标准三者是相互关联的，其中技术标准是主体，而管理标准和工作标准都是为贯彻技术标准服务的，使技术标准得到有效实施的保证。

三、质量管理体系和ISO9000族标准

ISO设立“质量管理和质量保证技术委员会”—TC176，专门研究质量保证领域内标准化的问题，并负责制定质量体系的国际标准，指导世界性的质量管理工作。为适应质量管理和质量保证工作的需要，TC176在总结各国质量管理经验的基础上，经过各国质量管理专家的努力工作，于1987年3月正式发布了ISO9000质量管理和质量保证系列标准。为了使ISO9000族标准能够适应所有的不同类型和规模的组织和所有产品，TC176一直在不断地修订标准，并提出了制定和修订标准应遵循的四个战略目标：

全世界通用性、当前一致性、未来一致性和未来适用性。ISO9000系列标准发布以后，已被世界上大多数国家和地区采用，被绝大多数工业和经济部门所接受，使世界质量管理和质量保证活动有可能建立在统一的基础之上。

1. 质量管理体系基本术语

（1）过程。指一组将输入转化为输出的相互关联或相互作用的活动。

注1：一个过程的输入通常是其他过程的输出。

注2：组织为了增值通常对过程进行策划并使其在受控条件下运行。

注3：对形成的产品是否合格不易或不能经济地进行验证的过程，通常称之为“特殊过程”。

（2）产品。指过程的结果。

注1：有下述四种通用的产品类别：服务（如运输）、软件（如计算机程序、字典）、硬件（如汽车、电视机）、流程性材料（如润滑油）。许多产品由不同类别的产品构成，服务、软件、硬件或流程性材料的区分取决于其主导成分。

注2：服务通常是无形的，并且是在供方和顾客接触面上至少需要完成一项活动的结果。软件由信息组成，通常是无形产品并可以以方法、论文或程序的形式存在。硬件通常是有形产品，其量具有计数的特性。流程性材料通常是有形产品，其量具有连续的特性。硬件和流程性材料经常被称为货物。

注3：质量保证主要关注预期的产品。

（3）程序。指为进行某项活动或过程所规定的途径。

注1：程序可以形成文件，也可以不形成文件。

注2：当程序形成文件时，通常称为“书面程序”或“形成文件的程序”。

含有程序的文件可称为“程序文件”。

（4）组织。指职责、权限和相互关系得到安排的一组人员及设施。

注1：安排通常是有序的。

注2：组织可以是共有的或私有的。

（5）质量控制。是质量管理的一部分，致力于满足质量要求。

（6）合格（符合）满足要求。

（7）不合格（不符合）未满足要求。

（8）要求。明示的、通常隐含的或必须履行的需求或期望。

注1：“通常隐含”是指组织、顾客和其他相关方的惯例或一般做法，所考虑的需求或期望是不言而喻的。

注2：特定要求可使用修饰词表示，如产品要求、质量管理要求、顾客要求。

注3：规定要求是经明示的要求，如在文件中阐明。

注4：要求可由不同的相关方提出。

（9）质量手册。是规定组织质量管理体系的文件。

注：为了适应组织的规模和复杂程度，质量手册在其详略程度和编排格式方面可以不同。

(10) 记录。阐明所取得的结果或提供所完成活动的证据的文件。

注1：记录可用于为可追溯性提供文件，并提供验证、预防措施和纠正措施的证据。

注2：通常记录不需要控制版本。

(11) 质量管理体系。在质量方面指挥和控制组织的管理体系。

2. 2005版ISO9000标准简介

(1) 标准的结构。

2005版ISO9000族标准的结构是由五项标准、技术报告（TR）和小册子组成。TR和小册子属于对质量管理体系建立和运行的指导性标准，也是ISO9001和ISO9004质量管理体系标准的支持性文件。

五项标准的编号和名称是：

ISO9000	质量管理体系——基础和术语
ISO9001	质量管理体系——要求
ISO9004	质量管理体系——业绩改进指南
ISO19011	质量和（或）环境管理体系审核指南
ISO19012	测量控制系统

其中，ISO9000、ISO9001、ISO9004和ISO19011共同构成了一组密切相关的质量管理体系标准，是2005版ISO9000族的核心标准。

ISO9000族标准实质上是指导任一组织建立和运行其质量管理体系的一整套标准。

(2) 标准简介。

“ISO9000族”是ISO在1994年提出的概念，它是指“由ISO/TC176（国际标准化组织质量管理和质量保证技术委员会）制定的所有国际标准”。该标准族可帮助组织实施并运行有效的质量管理体系，是质量管理体系通用的要求或指南。它不受具体的行业和经济部门的限制，可广泛适用于各种类型和规模的组织，在国内和国际贸易中促进相互理解。

2005版ISO9000族标准包括了以下一组密切相关的质量管理体系核心标准：

①ISO9000《质量管理体系——基础和术语》表述质量管理体系基础知识，并规定质量管理体系术语。

②ISO9001《质量管理体系——要求》规定质量管理体系要求，用于证实组织具有提供满足顾客要求和适用法规要求的产品的能力，目的在于增进顾客满意。

③ISO9004《质量管理体系——业绩改进指南》提供考虑质量管理体系的有效性和效率两方面的指南。该标准的目的是促进组织业绩改进和使顾客及其他相关方满意。

④ISO19011《质量和（或）环境管理体系审核指南》提供审核质量和环境管理体系的指南。

(3) 质量管理的原则。

为了实现质量目标，进行质量管理，必须建立质量管理体系。质量管理的原则是建立质量管理体系的基本理论。ISO吸取了当代国际最受尊敬的一批质量管理专家在质量管理方面的理念，结合实践经验及理论分析，用高度概括又易于理解的语言，总结为质量管理的八项原则。这些原则适用于所有类型的产品和组织，成为质量管理体系建立的理论基础。

①以顾客为关注焦点。组织已存在顾客。因此，组织应当理解顾客当前和未来的需求，满足顾客要求并争取超越顾客期望。

②领导作用。领导者确立组织统一的宗旨及方向。他们应当创造并保持使员工能充分参与实现组织目标的内部环境。

③全员参与。各级人员都是组织之本，只有他们的充分参与，才能使他们的才干为组织带来收益。

④过程方法。将活动和相关的资源作为过程进行管理，可以更高效地得到期望的结果。

⑤管理的系统方法。将相互关联的过程作为系统加以识别、理解和管理，有助于组织提高实现目标的有效性和效率。

⑥持续改进。持续改进总体业绩应当是组织的一个永恒目标。

⑦基于事实的决策方法。有效决策是建立在数据和信息分析的基础上。

⑧与供方互利的关系。组织与供方是相互依存的，互利的关系可增强双方创造价值的能力。

1.3.2 总结提升

本节主要讲述了ISO9000系列相关标准，通过本节内容的学习学生应该掌握全面质量管理的含义；我国标准的分级和标准的性质及企业标准化的含义及分类；质量管理体系和ISO9000族标准。

1.3.3 活动安排

把学生分成几个小组讨论学习，让每组学生通过查阅各种资料，写出ISO9000族标准，然后让各小组分别派代表上台展示，写出本节课内容中未介绍到的ISO9000系列相关标准，加深对本节内容的充分理解。

1.4 项目验收

（1）经过本项目的学习，你掌握了哪些电子产品检验的基本知识？你了解了多少ISO9000族标准？

（2）上交学习记录？

（3）简述全面质量管理（TQM）的含义及意义。

（4）简述电子产品检验的一般流程。

（5）简述电子产品检验的分类和检验要求是什么？

（6）简述 ISO9000 族标准包括了哪些质量管理体系核心标准？

项目评价

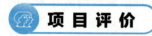

请反思在本项目进程中你的收获和疑惑，写出你的体会和评价。

项目总结与评价表

<table>
<tr><td>内容</td><td colspan="2">你的收获</td><td>你的疑惑</td></tr>
<tr><td>获得知识</td><td colspan="2"></td><td></td></tr>
<tr><td>掌握方法</td><td colspan="2"></td><td></td></tr>
<tr><td>习得技能</td><td colspan="2"></td><td></td></tr>
<tr><td colspan="4">学习体会</td></tr>
<tr><td rowspan="3">学习评价</td><td>自我评价</td><td colspan="2"></td></tr>
<tr><td>同学互评</td><td colspan="2"></td></tr>
<tr><td>老师寄语</td><td colspan="2"></td></tr>
</table>

项目2

电子产品开发过程检验

学习指南

本项目主要介绍电子产品开发过程检验的目的、检验过程的建立、检验依据、检验方法等，使学生对电子产品开发过程的检验有更深层次的理解和认识，是后续学习的理论依据和基础，帮助学生明确本课程的学习思路、学习目的。本项目的重点内容是明确电子产品开发过程中检验目的、检验方法以及现行的关于电子产品检验的法律法规；难点内容是电子产品开发过程中的寿命试验。本项目的学习以理论学习为主，对学生的评价以学生对理论知识的记忆以及相关法规的认识为依据。

思维导图

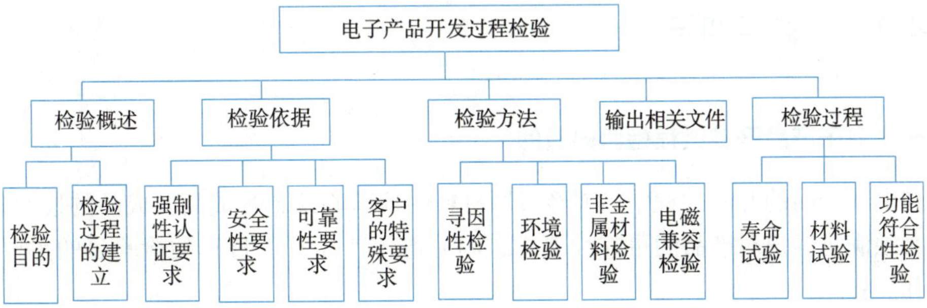

案例导入

小张参加某公司电子元器件检验员面试，面试题目如下：(1) 电子产品检验目的是什么？(2) 电子产品检验需要检验哪些方面的内容？(3) 电子产品检验方法有哪些？以什么为依据？小张该如何作答呢？

案例分析

通过本项目学习指南中的介绍，要明确电子产品检验的目的以及检验依据，即，以什么为标准去检验，达到什么程度算合格？还要掌握电子产品常用的检验方法以及在检验过程中所需要的相关文件，最后要明确产品检验时的试验类型。

2.1 电子产品开发过程的检验概述

学习目标

1. 知识目标

（1）了解电子产品检验目的。

（2）掌握检验过程的确认内容。

2. 能力目标

明确产品检验的各个方面。

案例导入

某人在应聘某公司的IQC（来料控制）职位面试中，面试官请其简述电子产品检验过程的相关内容。他该如何作答？

案例分析

应聘者必须要了解产品检验的目的以及对应的检验过程的建立等知识。

2.1.1 必备知识

一、电子产品开发过程检验的目的

在电子产品的开发过程中需要经过原材料的检验确认，半成品及成品的检验确认，同时必须满足客户对产品的可靠性要求，因此电子产品开发过程的检验目的主要基于以下几点：

电子产品开发过程检验的目的：

（1）必须要通过检验确保相关物料、半成品及成品满足国家法律和法规的要求，以及顾客的要求；

（2）要通过检验确保相关物料、半成品及成品的功能、性能和结构满足相关要求；

（3）要通过检验确认物料、半成品及成品满足相关可靠性要求；

（4）要通过检验确认设计和开发所必须确保的其他要求，如安全、包装、运输、贮存、维护、环境、经济性方面的要求等；

（5）要确保产品的开发周期以及试产、量产的质量目标，必须形成合适、合理的检验方法及相应的检验标准。

二、电子产品开发过程及对应的检验过程的建立

1. 来料确认

针对标准物料，可以参照相关的国标或行标或企业自身的已有的标准检验确认。

对于特殊、关键物料，应依据相关的国标或行标，结合客户的特殊要求，与供应商共同建立双方认可的检验标准和检验规范。

2. 样件的确认

样件的确认包括产品的功能性确认、可靠性确认、经济性确认等内容，这需要与客户建立双方认可的检验标准、检验方法和检验规范。

3. 生产过程的确认

为满足产品生产要求，需要确认生产过程对产品本身的影响。例如，如果产品有 RoHS 要求，为确认产品能符合 RoHS 要求，就必须整个生产过程，包括生产消耗性物料、生产辅助性物料、生产设备、工装夹具等均符合 RoHS 要求。

现在电子产品的 SMT 工艺大力推行无尘车间生产，正是基于无尘车间可以避免空气尘埃所产生的静电损坏对静电敏感的 IC 器件而要求的特殊的生产环境要求。

4. 工序质量控制点的设置与确认

制造质量的控制重点是工序质量控制，通过产品工艺性审查、工序能力调查、工序因素分析等一系列质量活动，可以选定制造方法、工艺手段和检验方式，明确质量控制对象和目标，并对影响工序质量的主导因素和条件进行控制。对于工序质量控制点的建立原则应考虑以下因素：

（1）决定产品重要质量特性的关键岗位或部位；

（2）工艺上有特殊要求，或对下道工序的质量有重大影响的部位；

（3）用户或内部质量信息反馈发现不合格较多的项目或部位；

（4）工序质量控制点的设置和确认在新产品生产过程设计中就应已完成，并在使用过程中不断完善和提高。

2.1.2　总结提升

本节主要讲述了电子产品开发过程中的检验目的以及所对应的检验过程的建立，即检验的流程的具体内容。通过本节内容的学习，学生应该了解检验目的并明确检验流程。

2.1.3　活动安排

模拟面试情景：教师作为面试官，围绕本节的案例，让学生作为应聘者，每人 3

分钟，简述问题，使学生来加深对本节内容的理解。

2.2　电子产品开发过程的检验依据

学习目标

1. 知识目标

（1）了解对电子产品质量的几种要求。

（2）掌握电子产品安全性原则及体现。

2. 能力目标

在电子产品开发过程中对检验依据的理解，明确安全性和可靠性检验的目标。

案例导入

小刘是某电子器件公司的一名检验员，现来了一批电子元器件，他将要负责此批元器件的检验。那么，他应从哪些方面考虑检验？如何确定检验内容？

案例分析

在这个过程中，小刘必须了解产品检验的依据即需要满足哪些要求，根据这些要求做进一步的检验流程规划。

2.2.1　必备知识

电子产品开发过程的检验依据

电子产品的质量特性一般都转化为具体的技术要求在产品的技术标准和其他相关的技术要求上体现出来，一般情况下，对于电子产品的质量特性要求有以下几个方面，供读者参考：

一、电子产品强制性认证要求

我国政府为兑现入世承诺，于2001年12月3日对外发布了强制性产品认证制度，从2002年5月1日起，国家认监委开始受理第一批列入强制性产品目录的19大类132种产品的认证申请。如电信终端设备类有9种产品：调制解调器、传真机、固定电话、无绳电话、集团电话、移动电话等。

图2-1　3C认证标志

强制性产品认证制度是我国政府按照世贸组织有关协议和国际通行规则，为保护广大消费者人身和动植物生命安全，保护环境、保护国家安全，依照法律法规实施的一种产品合格评定制度。英文名称 China Compulsory Certification，英文缩写 CCC，如

图2－1所示。它是通过制定强制性产品认证目录和实施强制性产品认证程序，对列入目录中的产品实施强制性的检测和审核。凡列入强制性产品认证目录内的产品，如果没有获得指定认证机构的认证证书，没有按规定施加强制性标志，一律不得进口、不得出厂销售和在经营服务场所内使用。

不同的国家也会提出自己的法律法规要求，显然法律法规要求也是强制性的。欧盟的《电气电子设备中限制使用某些有害物质指令》就是一项典型的法律法规要求，只要产品在欧盟地区生产和销售就得符合该指令要求。

二、产品的安全性要求

因为电子产品的安全性能范围非常广泛，所以在设计电子产品的电路时不单是考虑电路的正确与否，还要考虑产品的整体结构及安全性能。电子产品设计的安全问题需要遵循三个原则：一是电子产品和设备在正常工作条件下，不得对使用人员以及周围的环境造成危险；二是设备在单一的故障条件下，不得对使用人员以用周围的环境造成危险；三是设备在预期的各种环境应力条件下，不会由于受外界影响而变得不安全。

上述电子产品设计的三个安全性原则主要表现在以下两个方面：

1. 电子产品的安全

（1）防电击。电子产品及设备防电击是所有用电设备的最起码的要求。为此任何电子产品都必须具有足够的防触电的措施。

（2）防能量危险。大电流输出端短路，能造成打火、熔化金属、引起火灾，所以低压电路也能存在危险。

（3）防着火。我们使用的电子产品的物料，一般要使用阻燃料，着火后烟雾小，毒气小的材料做外壳，意外发生火灾警情时，不会产生二次着火，烟雾小不影响工作人员逃生，中毒的机会就小。

（4）防高温。凡是外露的零部件一般都是为了散热，那么就要去考虑它的温度，过高的温度可能会造成对使用者的灼伤。

（5）防机械危险。在电器产品中也存在一些运动器件，如电风扇的扇叶，这些都可能造成对使用者的伤害；另外就是产品的外壳，接合处不能存在刀口状；产品重心、高真空度的器件都是我们设计人员必须去考虑的。

（6）防辐射。辐射分四大类，一是声频辐射；二是射频辐射；三是光辐射；四是电离子辐射。电子产品的使用者对辐射是全然不知的，这完全要靠我们设计人员在设计时认真去考虑的事情。

（7）防化学危险。

2. 关键零部件的安全

元器件、零部件是构成电子产品的基本单元。有一些元部件是保证整机安全的关键元部件，它们的安全性能直接影响着整机的安全性能，如果它们发生短路、断路或安全指标不稳定等故障，整机的某个部分或整机就可能发生安全故障，进而可能造成电击，起火或有害射线、激光和毒性物质产生过剂量等安全事故。主要表现在：

（1）可触及的元部件。可触及的元器件包括插头、插座、器具耦合器、电线电缆、开关、控制器、熔断器座等。

（2）不可触及的元件。不可触及的元件是指有带电危险，但是装在机内的元件，比如机内的线路板，变压器，熔断器和一些带电接插件以及电路板的支撑器件。所有可触及到或不可触及到的元部件都必须进行防灰尘和潮气。

为了达到产品的安全性能，我们在设计线路板时一定要考虑产品的安全性能，一定要保证元器件的安全距离以及内部结构涉及的爬电距离和绝缘穿通距离。

三、产品的可靠性要求

有时客户对供应商提出产品明确的可靠性要求。但有时则不然，供应商必须首先确定客户提出的可靠性要求是否现实或者是否可达到，然后将其转化为设计要求。还有一种经常发生的情况，尤其在消费产品中，客户不明确指定可靠性要求，此时，就需要供应商自己运用各种方法来建立产品的可靠性要求。

客户的可靠性要求：客户的技术要求中包括定量的可靠性要求（例如，尺寸、抗干扰能力、稳定性等）。这些可靠性指标需要考虑到超出生产单位控制的故障因素而进行调整，将用户要求转化为产品设计目标。此外，还有在客户的技术要求中包括使客户满意的达到指定水平可靠性的产品特性（例如寿命周期费用、保障费用、维修人力、和保证条款等）。根据所描述的产品特性要求导出可靠性要求，此过程基于已知的或假设的特性之间关系来进行。

对于很多商用产品而言，供方必须“预先考虑”其产品投放市场后对可靠性的要求和定位。制造商可能有也可能没有相似产品或竞争产品可靠性的数据。根据所描述的产品特性要求导出可靠性要求，此过程基于已知的或假设的特性之间关系来进行。

2.2.2 总结提升

本节主要讲述了电子产品检验的几个依据，并介绍了我国电子产品强制性认证制度以及产品安全性原则及体现，通过本节内容的学习，学生应该掌握在检验中需把握的几个大方向以及检验过程中所要检验的具体项目。

2.2.3 活动安排

列举现实生活中常见的几种电子产品，将学生分成几个小组，分别讨论这几种电子产品的可靠性要求，并说出在检验过程中所要检验的具体内容。

2.3 电子产品开发过程的检验方法及相关文件

学习目标

1. 知识目标

(1) 掌握电子产品常用的检验方法。
(2) 了解检验过程中所需要的相关检验文件。

2. 能力目标

在电子产品检验的过程中能明确所需要的检验方法对产品进行检验。

案例导入

小王是某电子公司的一名检验员，对于要出厂的电子产品，应该进行哪些方面的检验？可参照哪些内容进行检验？

案例分析

在这一过程中小王必须了解常用电子产品常见的检验方法以及对应输出的相关参照文件。

2.3.1 必备知识

一、电子产品开发过程中的检验方法

1. 寻因性检验

在产品设计阶段进行的工作，但是在生产过程中得到实施。它是指在产品设计过程中充分预测产品制造过程中可能出现的缺陷，然后有针对性地设计和制造防差错装置，将制造过程中的机器设备等组合起来，一旦产品在制造过程中发生差错或者出现缺陷，防差错装置会发出警告信号或强制中止生产。此时，操作人员便可根据警报，采取相应的处理办法，再恢复正常生产。可见，寻因性检验具有很强的预防功能，是实施产品质量控制的有效手段。

2. 环境检验

对产品的评价不能只看其功能和性能是否优秀，还要综合其各方面条件，例如在复杂环境中，其功能和性能的可靠程度以及维修成本高低等。在提高产品可靠性方面，环境试验占有重要因素，直接关系到是否能够正确鉴别产品的品质、确保产品质量。

在产品的研制，生产和使用中都贯穿着环境试验，通常是设计—环境试验—改进—再环境试验—投产。环境试验越真实准确，产品的可靠性越好。

按环境试验形式分类：(1) 自然暴露试验。是将样品长期暴露在自然环境中，它

分为加负荷和不加负荷两种。(2)现场试验。为评价、分析产品的可靠性，在使用现场进行的试验叫现场环境试验。(3)人工模拟试验。是将样品放在人工模拟试验箱中进行的试验。

一般来说，自然暴露试验和现场试验能真实反映产品在实际使用中的性能和可靠性，也是验证人工模拟试验准确性的基础，但这两种试验的不足之处是试验周期长，花费人力、物力大，因此只有对可靠性要求较高的产品才进行这项试验。而人工模拟试验是电工电子产品可靠性研究中常见的试验方法。

按环境试验项目分类：气候环境试验其项目可分为如下几项：高温、低温、温度循环、温度冲击、低气压、湿热、日光辐射、砂尘、淋雨等，一般将盐雾和霉菌试验包括在其中。

3. 电磁兼容要求测试

电磁兼容（Electro Magnetic Compatibility，EMC）。一般指电气及电子设备在共同的电磁环境中能执行各自功能的共存状态，即要求在同一电磁环境中的上述各种设备都能正常工作又互不干扰，到达“兼容”状态。

换句话说，电磁兼容是指电子线路、设备、系统相互不影响，从电磁角度具有相容性的状态。相容性包括设备内电路模块之间的相容性、设备之间的相容性和系统之间的相容性。

国际电工技术委员会（IEC）认为，电磁兼容是一种能力的表现。IEC 给出的电磁兼容性定义为：“电磁兼容性是设备的一种能力，它在其他电磁环境中能完成自身的功能，而不至于在其环境中产生不允许的干扰。”

对电子产品的电磁兼容性进行的测试。包括测量设备、测量方法、数据处理方法以及测量结果的评价。其中对测量设备和测量方法，国际上已有通行的 CISPR 系列标准加以规范。我国也已出台与 CISPR 系列标准和 IEC 系列标准相对应的电磁兼容性检测标准。其中如（GB 4343. 1—2009《家用电器、电动工具和类似器具的电磁兼容要求第 1 部分：发射》）等强制性国家标准已在产品安全强制性检测中应用。在电磁兼容检测方面，我国第一家建立电磁兼容检测屏蔽暗室的是上海电器科学研究所电磁兼容检测站。

目前可以进行电磁兼容检测的检测机构：苏州电器科学研究所、国家电器产品质量监督检验中心、上海电器科学研究所等。

电磁兼容标准，要求电子电机设备的相关产品必须符合辐射干扰与传导干扰发射规格，以及辐射耐受性与传导耐受性规格。为了验证电子电机设备 EMC 设计是否良好，必须在研发之整个过程中，对各种电磁干扰源之发射干扰、传输特性及受干扰设备能否负荷耐受性测试，验证设备是否符合相关电磁兼容性标准和规范。

电磁兼容性测试包含电磁干扰测试（EMI）及电磁耐受性测试（EMS）。

4. 非金属材料检验

一般的电子产品在使用过程中都有热损耗，这些热损耗直接导致产品自身温度升高；在其不正常工作时，有温度骤升，甚至出现电火花等，这会直接导致电子产品绝缘性能下降。所以，对电子产品的非金属材料部分有一定的耐热性和耐燃性的要求。这就需要对电子产品进行非金属材料检验。

电子产品的非金属材料检验主要包括有耐热检验、抗腐蚀试验、耐漏电起痕试验等。

二、电子产品开发过程中应输出的相关检验文件

现代电子产品的开发过程从整体上大致有以下阶段：

1. PCB 底板图设计前的仿真分析阶段

这一阶段包括前期的项目启动、市场调研、项目规划、项目详细设计、原理图设计等。设计人员在原理设计的过程中，PCB 设计前通过对时序、信噪、串扰、电源构造、插件信号定义、信号负载结构、散热环境、电磁兼容等多方面进行预分析，可以使设计工程师在进行实际的布局布线前对系统的时间特性、信号完整性、电源完整性、散热情况、EMI 等问题做一个最优化的分析，对 PCB 设计做出总体规划和详细设计，制定相关的设计规则、规范用于指导后续整个产品的开发设计。这些工作大多需要由专业的 PCB 设计工程师来完成。

2. PCB 设计后的仿真分析阶段

在 PCB 的布局、布线过程中，PCB 设计人员需要对产品的信号完整性、电源完整性、电磁兼容性、产品散热情况做出评估。若评估的结果不能满足产品的性能要求，则需要修改 PCB 图、甚至原理设计，这样可以降低因设计不当而导致产品失败的风险，在 PCB 制作前解决一切可能发生的设计问题，尽可能达到一次设计成功的目的。该流程的引入，使得产品设计一次成功成为了现实。

3. 测试验证阶段

设计人员在测试验证阶段，一方面验证产品的功能、性能的指标是否满足产品的设计要求。另外一个方面，可以验证在 PCB 设计前的仿真分析阶段和 PCB 设计后的仿真分析阶段所做的所有的仿真工作、分析工作是否是准确、可靠，为下一个产品开发奠定很好的理论和实际相结合的基础。

4. 产品批量生产阶段

根据第三阶段的测试验证过程总结以及验证和完善相关流程，确认工艺流程的合理性、检测方法的合理性、质控点设置的合理性、产品设计的可行性以及生产指导文件的可执行性等，形成批量生产时所采用的工艺流程、检测方法、质控点设置以及生产指导文件。

2.3.2 总结提升

通过本节内容的学习，学生可掌握电子产品的检验方法以及在检验过程中所需的

方向性指导文件，能够判断出不同的电子产品所对应的不同的检验方法。

2.3.3 活动安排

举例说出生活中常见的电子产品，让学生分组讨论此种电子产品的检验方法以及作为检验员应该采用何种检验方法来检测产品质量。

2.4 电子产品开发过程的检验过程

学习目标

1. 知识目标

（1）了解在电子产品开发过程中的检验过程内容。

（2）了解并掌握电子产品寿命试验和材料试验的方法。

2. 能力目标

学会在电子产品开发过程的检验过程中所要确认的几个方面的内容，并掌握寿命试验和材料试验的方法。

案例导入

小王是某电子公司的一名检验员，对于一款即将量产的新产品，应该如何进行质检？需要对哪些方面进行考虑？

案例分析

小王若想完成这个任务，要了解此款电子产品首先有哪些强制性的品质要求、可靠性要求、安全性要求？且如何对样品进行检验？

2.4.1 必备知识

电子产品开发过程中的检验过程

1. 确认电子产品强制性认证（符合法律法规）的检验

在本项目第一节内容中已经给大家介绍过电子产品的强制性认证。随着电子产品法律法规的进一步完善、用户的环保意识维权意识增强，无论是国际上还是国内，均出台了关于产品质量的法律法规。任何电子产品要在所在国家和地区生产、销售、使用等就必须要符合当地的法律法规。

（1）国内电子产品的强制性认证。

在我国国家监督检验检疫总局和国家认证认可监督管理委员会于2001年12月3日一起对外发布了《强制性产品认证管理规定》，对列入目录的19类132种产品实行

“统一目录、统一标准与评定程序、统一标志和统一收费”的强制性认证管理。将原来的“CCIB”认证和“长城 CCEE 认证”统一为“中国强制认证”（英文名称为 China Compulsory Certification），其英文缩写为“CCC”，故又简称“3C”认证。

“3C”认证从 2002 年 8 月 1 日起全面实施，原有的产品安全认证和进口安全质量许可制度同期废止。当前已公布的强制性产品认证制度有《强制性产品认证管理规定》、《强制性产品认证标志管理办法》、《第一批实施强制性产品认证的产品目录》和《实施强制性产品认证有关问题的通知》。本书中所介绍的各类电子产品是作为第一批被列入强制性认证目录的产品。

需要注意的是，3C 标志并不是质量标志，而只是一种最基础的安全认证。

3C 认证主要是试图通过“统一目录，统一标准、技术法规、合格评定程序，统一认证标志，统一收费标准”等一揽子解决方案，彻底解决长期以来中国产品认证制度中出现的政出多门、重复评审、重复收费以及认证行为与执法行为不分的问题，并建立与国际规则相一致的技术法规、标准和合格评定程序，可促进贸易便利化和自由化。

（2）国际上电子产品质量认证。

在国际上，最为典型的是欧盟议会及欧盟委员会于2003 年2 月13 日在其《官方公报》上发布了《废旧电子电气设备指令》，简称《WEEE 指令》和《电子电气设备中限制使用某些有害物质指令》，简称《RoHS 指令》。

《RoHS 指令》和《WEEE 指令》规定纳入有害物质限制管理和报废回收管理的有十大类 102 种产品，前七类产品都是我国主要的出口电器产品。包括大型家用电器、小型家用电器、信息和通信设备、消费类产品、照明设备、电器电子工具、玩具、休闲和运动设备、医用设备（被植入或被感染的产品除外）、监测和控制仪器、自动售卖机。

欧盟自 2006 年 7 月 1 日实施 RoHS，使用或含有重金属以及多溴二苯醚 PBDE，多溴联苯 PBB 等阻燃剂的电气电子产品限值超标不允许进入欧盟市场。

根据欧盟 WEEE 以及 RoHS 指令要求，国内具备资质的第三方检测机构是将产品根据材质进行拆分，以不同的材质分别进行有害物质的检测。一般情况下：金属材质需测试四种有害金属元素如（Cd 镉/Pb 铅/Hg 汞/Cr6 + 六价铬）；塑胶材质除了检查这四种有害重金属元素外还需检测溴化阻燃剂（多溴联苯 PBB/多溴联苯醚 PBDE）；同时对不同材质的包装材料也需要分别进行包装材料重金属的测试（94/62/EEC）。

以下是 RoHS 中对六种有害物规定的上限浓度：

镉：小于 100 ppm；

铅：小于 1 000 ppm；

钢合金中小于 3 500 ppm；

铝合金中小于 4 000 ppm；

铜合金中小于 40 000 ppm；

汞：小于 1 000 ppm；

六价铬：小于 1 000 ppm。

RoHS 认证测试，只要具备相应资质和能力的第三方公证实验室均可为企业提供认证服务，把需要认证的相关电子产品送往专业实验室进行检测、分析，其中铅、镉、汞、六价铬、多溴联苯（PBB）、多溴二苯醚（PBDE）等六种有害物质是否符合 RoHS 指令要求，若符合就可获得 RoHS 合格报告和证书。

2. 确认电子产品的安全性、可靠性要求的检验及警示

在新产品的开发和制造之前，研发人员要对产品有一定的风险预测，以避免不当生产，造成潜在危害。一般有以下几种措施可供参考：

（1）产品风险分析。

它是一种可靠性设计的重要方法，对各种潜在的风险进行评估、分析，以便在现有的技术基础上消除这些风险或将这些风险减小到可接受的程度。它是一种典型的事前预测行为。这个过程包括：找出产品潜在的故障类型；根据相应的检验标准对潜在故障进行量化评估；列出故障起因，找出预防及整改措施。

（2）寿命试验。

它的试验目的是为了确认产品正常使用的寿命，通常是在进行合理工程及统计假设的基础上，利用物理失效规律相关的统计模型对在超出正常应力水平的加速环境下获得的信息进行分析，得到产品在额定应力水平下的数值估计值。这种试验方法，又称为加速寿命试验，采用加速应力水平来进行试验，在这一过程中，必须确定一系列的参数，包括试验目的、试验持续时间、样本数量、需求精度、加速因子、试验环境等，根据不同的电子产品，其试验所需参数也是不一样的，这需要具体问题具体分析。

按照试验应力的加载方式，加速寿命试验通常分为恒定应力试验、步进应力试验和序进应力试验三种基本类型。

恒定应力试验的特点是对产品施加的“负荷”的水平保持不变，其水平高于产品在正常条件下所接受的“负荷”的水平。试验是将产品分成若干个组后同时进行，每一组可相应的有不同的“负荷”水平，直到各组产品都有一定数量的产品失效时为止。

步进应力试验对产品所施加的“负荷”是在不同的时间段施加不同水平的“负荷”，其水平是阶梯上升的。在每一时间段上的“负荷”水平，都高于正常条件下的“负荷”水平。因此，在每一时间段上都会有某些产品失效，未失效的产品则继续承受下一个时间段上更高一级水平下的试验，如此继续下去，直到在最高应力水平下也检测到足够失效数（或者达到一定的试验时间）时为止。

序进应力加速寿命试验与步进应力试验基本相似，区别在于序进应力试验加载的应力水平随时间连续上升。

目前应用最广的是恒定应力试验，它的试验精度比较高，但是其试验时间相对较长，样品数相对较多。相比较而言，若样品数量有限或者比较昂贵，而步进应力试验和序进应力试验比较占优势。现在已有把几种加速试验相结合的做法，一方面缩短了试验时间，另一方面也提高了试验精度。

（3）材料试验。

材料试验的种类繁多，现代常用的有机械、物理、化学、腐蚀、磨损试验和无损

检测以及工艺性能试验等。

①机械性能试验。测量材料在力或能的作用下所表现的特性，如强度、刚度、塑性、韧性、硬度等。有时要求在某些特定环境，例如，高温、低温、腐蚀等条件下进行试验。

②物理试验。利用材料的各种物理效应来检测材料的一系列特性，包括化学组成和价态、表面形貌、晶体结构、显微组织等，或确定一些物理性能参数，如比热容、热导率、电导率、膨胀系数等。这类试验中用于分析质量问题和失效事故。

③化学分析。定性或定量地测定材料的化学组分和结构。

④腐蚀试验。用化学、物理或机械方法测出材料在各种介质中因化学或电化学反应而引起表面局部的或均匀的损耗——腐蚀。这类试验对长期处于侵蚀性环境中的电子设备显得尤其重要。

⑤磨损试验。测定材料在受另一相互接触的固体的摩擦或受固态、液态或气态颗粒的碰撞时所引起的表面损耗——磨损。由于很多因素，如介质的腐蚀作用、零件的振动、磨粒的形状和相对的运动速度等均会显著地影响磨损率。这类试验尚无公认的统一标准。

⑥无损检测。在保持被检物完好的条件下利用各种物理效应查出被检物表面或内部的缺陷或测定其组织、性能和其他物理量。不损害被检物的使用性能是它有别于一般材料试验的特点。这类试验是保证产品质量和安全使用的重要手段。

⑦工艺性能试验。测定材料加工成半成品或成品所用的工艺过程（铸造、锻压、焊接、金属热处理、切削加工等）的难易程度。这种试验对判定材料能否投入正常生产具有很大意义，对于发展新材料也很重要。

（4）功能符合性试验。

除了上述的试验之外，对于电子产品的成品或半成品，还要进行其功能测试，常见的有带载能力测试（负载测试）、功率测试、耐压测试、装配测试、环境模拟测试等，根据不同功能的电子产品，所进行的功能性试验针对性也不同，需根据实际情况，确定试验方式。功能符合性试验的重点在于确认产品本身是否达到设计要求或者满足客户使用要求。

3. 确认电子产品批量生产可行性

电子产品的设计开发的最终目的是在于产品是否可以批量生产，以满足人们的生活需求。通过一系列的试验检验，确定产品批量生产的可行性，实际就是确认新产品被开发后，制造过程的确认，即实现社会价值。

2.4.2 总结提升

通过本节内容的学习，学生可掌握电子产品开发过程检验过程中要确认的内容，并根据确认内容对电子产品样品进行试验，以确认批量生产的可行性，为电子产品的量产做好充分准备。

2.4.3 活动安排

以生活中常见的电子产品为例，讲解此款产品在开发阶段检验中所要考虑的几个方面的问题，并让学生简述所了解的电子产品量产前的检验。(可以提示学生以某品牌的手机在上市前的用户试用为例来说明)。

2.5 项目验收

(1) 电子产品开发过程中的检验目的是什么?

(2) 电子产品开发过程中的检验依据有哪些内容?

(3) 电子产品开发过程中的检验方法有哪些?

(4) 电子产品开发过程中的寿命试验的目的是什么? 它包括有哪些类型的寿命试验?

项目评价

请反思在本项目进程中你的收获和疑惑，写出你的体会和评价。

项目总结与评价表

<table>
<tr><td>内容</td><td colspan="2">你的收获</td><td>你的疑惑</td></tr>
<tr><td>获得知识</td><td colspan="2"></td><td></td></tr>
<tr><td>掌握方法</td><td colspan="2"></td><td></td></tr>
<tr><td>习得技能</td><td colspan="2"></td><td></td></tr>
<tr><td colspan="4">学习体会</td></tr>
<tr><td rowspan="3">学习评价</td><td>自我评价</td><td colspan="2"></td></tr>
<tr><td>同学互评</td><td colspan="2"></td></tr>
<tr><td>老师寄语</td><td colspan="2"></td></tr>
</table>

项目3

电子产品元器件来料检验

学习指南

本项目是本课程的重点内容之一，通过学习使学生了解电子产品元器件来料检验的基本流程，掌握电子产品元器件检验的依据和原则、常见不良点、抽样检查常用的手法、常用电子元器件的检验方法以及检验结果的处理方法，具备电子产品常用元器件的检验的能力。本项目的重点内容是电子产品元器件常见的不良点、抽样方法以及常见元器件的检验方法，难点是各种电子元器件的检验方法。本项目是电子产品检验的前端环节，对整个电子产品的质量起着决定性的作用，是后续项目的基础。本项目的学习采取理论讲解和实践操作相结合的方式，对学生的评价以学生对元器件的实际检验结果作为主要依据。

思维导图

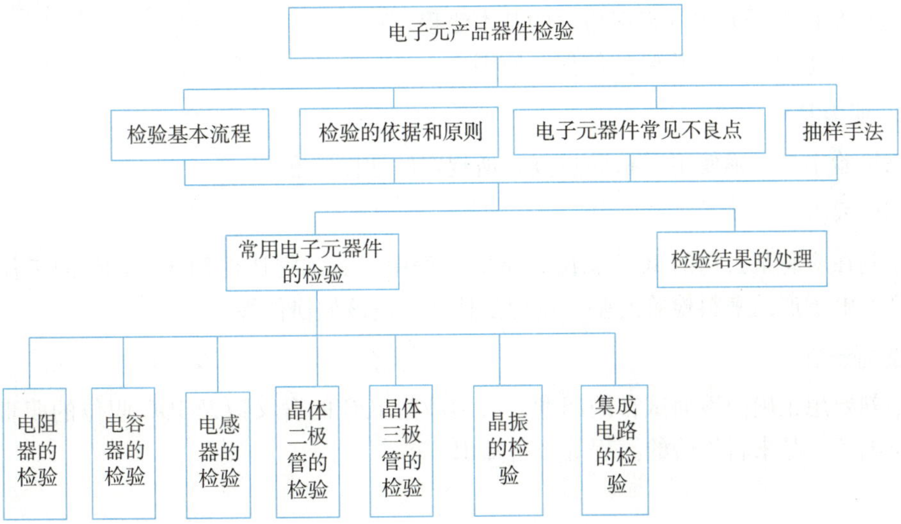

案例导入

小张应聘到某公司当电子元器件检验员（即进货质量控制职位，IQC）才一个多月，公司就来了一批电子元器件，包括晶体管、电阻、电容等。他该如何完成这批电子元器件的检验工作？如何去判定这些器件是否合格？

案例分析

通过前面的有关电子产品检验的基本知识以及一些标准和规范，小张首先要了解电子产品检验的范围主要用以明确来料检验的5W1H，即，Why（为什么要检验），What（检验什么），When（何时检验），Who（谁执行检验），Where（在何处检验），How（怎样检验）。

作为一名电子元器件来料检验员，即从事进货质量控制职位的员工，要想胜任这个工作岗位，首先必须具备相关的知识，如什么是IQC，元器件检验的基本知识等；其次要了解元器件来料检验的一般流程以及检验的原则和依据；还要了解来料检验常见的不良点，掌握元器件检验的抽样方法。最后要掌握各种电子元器件的检验项目和检验方法以及对检验结果的处理方法。

3.1 电子元器件来料检验基本常识

学习目标

1. 知识目标

（1）了解电子元器件检验的基本常识。
（2）掌握电子元器件来料检验的基本流程。
（3）掌握电子产品检验的依据和原则。

2. 能力目标

在检验中会正确使用《检验规范》所规定的抽样标准。

案例导入

小刘在应聘某公司的IQC职位面试的过程中，面试官让他简述：IQC的工作职责是什么？电子产品来料检验的基本流程是什么？他该如何作答？

案例分析

小刘要想正确回答面试官的问题，必须清楚IQC的含义以及IQC职位的职责，掌握电子电子产品来料检验的流程等必备知识。

3.1.1 必备知识

一、IQC 及其工作职责

电子元器件是组成电子产品的基本组成单元，电子元器件的检验工艺在电子产品生产的整个过程中占有非常重要和非常关键的地位。工厂在电子产品生产之前首先要对外购或者定做的结构件、零件、部件、元器件等按照检验工艺的要求进行检验，并要求做好检验记录、填写检验报告。合格的做好标识送入元器件仓库。结构件、零件、部件、元器件仓库根据生产任务单发料，车间根据生产任务单领取材料进行生产。

在企业，由于来料检验（又称进料检验）的需求形成了相应的进货质量控制职位（Incoming Quality Control，IQC）。IQC 即来料品质检验，指对采购进来的原材料、部件或产品做品质确认和查核，即在供应商送原材料或部件时通过抽样的方式对品质进行检验，并最后做出判断该批产品是接收还是退换。

在实际操作的过程中，供应商的来料水平已经是确定的，IQC 的作用在于验证其质量水平是否满足公司的生产和使用要求，因此，IQC 的工作质量主要是从送检及时率、漏检率和误判率等几个指标来衡量。

很显然，IQC 的检验结果不仅会影响生产线的生产效率，而且会直接影响到产品的质量水平，进而影响企业的效益和客户的满意度。IQC 的主要工作职责是：

（1）准备或取得来料的检验规范或标准和相关的图纸、样品、物料档案。

（2）从功能或尺寸等方面对来料进行检验。

（3）IQC 测试仪器的维护和点检。

（4）来料的检查的执行和标识的制作。

（5）做好来料检验的原始记录，并按照要求填写 IQC 日报表、归档。

（6）做好产品的标识，发放到仓库或生产线。

（7）材料的有效周期的维护和确认。

（8）完成上级交办的各项工作任务。

二、来料检验的一般流程

供应商的材料到企业之后，首先由仓库管理员进行初步的检查，主要是核对采购订单的相关信息与来料包装信息和送货单信息是否一致，包括物料名称、规格型号、数量，确认后将物料进入待检区，然后填送检单报给 IQC。

IQC 根据送检单、相关的《原材料检验标准》和《检验规范》抽样检验，检验合格时直接标识入库，检验不合格时在进行后续的处理。总的来说，来料检验的一般流程如图 3－1 所示。

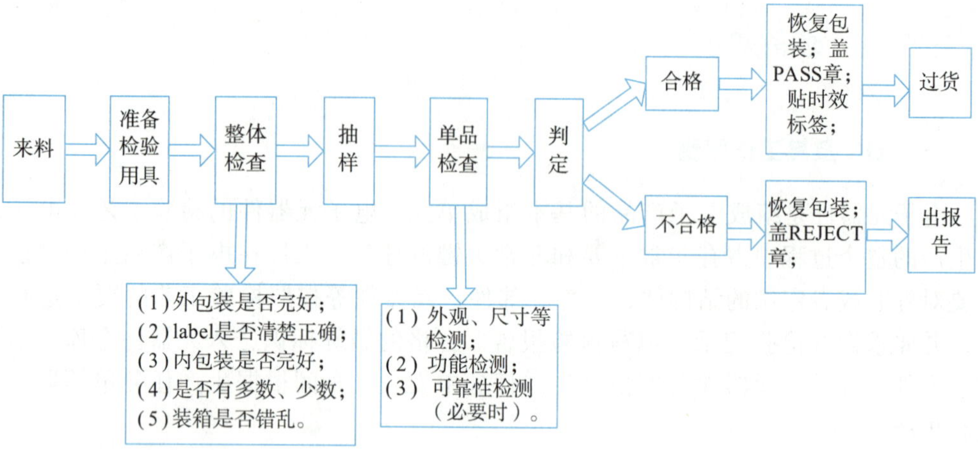

图 3－1　来料检验的一般流程

三、来料检验的依据和原则

来料检验是为了防止不合格的物料进入生产环节，同时来料检验也是做好供应商（SQM）管理的依据，来料检验有利于提高供应商的质量控制水平。产品开发阶段，研发工程师必须确认产品所使用的相关物料应满足的标准和要求，从而提出相应的《原材料检验标准》，结合品质部门制定的相关《检验规范》作为来料检验的依据。

来料检验抽样标准依据《检验规范》所规定的抽样标准执行，在实际应用中会执行加严检验（适用于初期管理阶段的零件，包括新开发件、设计变更件、工程变更件等）、正常检验（适用于量产管理阶段并已解除初期管理的零件）、放宽检验（在“正常检验”条件下，任何材料如果连续 5 批都合格，则第 6 批转为“放宽检验”；对于实施“放宽检验”的材料，只要发现一次不合格，下次来料时则转为“正常检验”）等几种方式进行。

3.1.2　总结提升

本节主要讲述了电子产品来料检验的基本概念以及 IQC 职位的工作职责和电子产品来料检验的依据和原则。通过本节内容的学习学生应该明确电子产品来料检验的职位的工作职责。

3.1.3　活动安排

模拟面试情景：教师充当面试官，围绕本节的案例，让班里的每位学生充当应聘者，每人 3 分钟，让学生来加深对本节内容的充分理解。

3.2 来料检查常见不良点综述

学习目标

1. 知识目标

(1) 了解电子元器件不良点的种类。

(2) 掌握电子元器件抽样样品检查常见的不良点。

2. 能力目标

在电子产品检验的过程中能整体判断出产品是否不良，要能判断抽检样品是否合格。

案例导入

小刘是某电子公司的一名检验员，现来了一批电子元器件。他该如何从宏观（整体）上快速地判断出这批电子元器件是否合格？如果从该批产品中抽出一小批元器件作为抽检样品，小刘又如何判定抽检是否合格？

案例分析

小刘要想从宏观上快速判断出一批电子元器件是否合格，必须掌握宏观（整体）检验的要点；要想正确而判断出抽样产品是否合格，需掌握抽样样品常见的不良点和通常的检查项目。

3.2.1 必备知识

IQC 在来料检查时，经常会遇到各种各样的不良情况，检查时要从来料整体和抽取样品两方面来进行检查。

一、整体检查不良点

就整体来说，可分为如下几类：

1. 来料错

来料错不良主要有来料的规格要求不符，即来料的一些相关参数与要求不符，如电阻、电容等的误差值，三极管的放大倍数等；另外有要求来此料，而实际来成彼料，如本要求来电阻，而实际来成电容等；也有没有买的料——即多余物料。

2. 数量错

此不良主要是指来料时数量不符，包括多料（如超 ITV 数等）、少料（如总数比 GRN 数少、包装实数比标示数少等）、无料等。

3. 标识错

此不良是指来料本身没有不良，而只是在内外包装，LABEL 等的标示时出现错误，如标示时 P/N 写错，多字符或少字符。

4. 包装乱

此不良包括一次来料的多个物料混装、标识不对应、包装破损以及一个物料的包装松散、摆放不整齐等。此不良易造成 IQC 检查物料时找料难、整理麻烦、降低工作效率等，另外也容易造成物料变形、划伤、破损等其他不良。

二、抽样样品检查的不良点

IQC 来料检查，除整体检查外，更重要，花时间更多，不良内容更复杂多变的是抽样样品的检查，抽样样品的不良主要分为两大类，即外观不良和功能不良。现总结叙述于下：

1. 外观不良

外观不良项目较多，从不同的方面有不同的不良内容，不同的原材料其外观不良也有各自的特点。

从检查的内容分，不良情形有：

（1）包装不良。

有外包装破损、未按要求包装（如要求真空包装而没有真空包装一步要求卷带而来成托盘装、单个包装的数量有要求而没按要求等）、料盘料带不良（如料盘变形、破裂、料带薄膜粘性过强机器难卷起、易撕裂、撕断、粘性弱松开致元件掉出等）、摆放凌乱等。

（2）标识不良。

有无标识、漏标识、标识错（多字符、少字符、错字符等）、标识不规范（未统一位置、统一标示方式）、不对应（有标示无实物或有实物无标示，即多箱物料乱装）等。

（3）尺寸不良。

即相关尺寸或大或小超出要求公差，包括相关长、宽、高、孔径、曲度、厚度、角度、间隔等。

（4）装配不良。

有装配紧、装配松、离缝、不匹配等。

（5）表面处理不良。

①本体不良。有破裂、残缺、刮花、划伤、针孔、洞穿、剥离、压伤，印痕、凹凸、变形、批锋、断折等。

②清洁不良。有脏污、黑点、白点、异物、水纹、指印、花点、霉点等。

③颜色不良。有错误、不均、差异等。

④丝印不良。有错、漏、缺、淡、模糊、重影、偏位、反印、附着不牢等。

⑤电镀不良。有薄、漏、不均、粗糙、颗粒、氧化、脱落等。

⑥油漆不良。有多漆、堆漆、漆粒、附着不牢、印痕、杂质、不均、缺漏、补油、补漆等。

⑦其他不良。

来料外观的通用检查项目，如表 3－1 所示。

表 3－1　来料外观通用检查项目

检查内容	检查项目	不良项目	不良状态	不良等级			备注
				CR	MAJ	MIN	
外观	包装	包装变形	损伤部件或影响生产		√		
			对部件及生产无影响			√	
		包装破损	损伤部件或影响生产		√		
			对部件及生产无影响			√	
		包装不符	与要求的包装规格不符		√		
		装放错乱	实物与标示不符、凌乱		√		
	标示	无标示	来料没有标示		√		
		标示错误	料未错，标示不对		√		
		标示不清	不可辨认		√		
		标示不全	部分次要内容没有标示			√	
	数量	多数	—			√	
		少数	—		√		
	丝印	丝印不清	模糊可辨			√	
			模糊不可辨		√		
		丝印错误	与实际需印的字符不符		√		
		丝印偏位	歪斜、印反、出位等			√	
		丝印缺漏	丝印残缺或漏印		√		
	尺寸	尺寸不符	偏大或偏小		√		
	部品	来料错	来料与要求不符		√		
		混料	来料中混有不需要的料		√		

2. 功能不良

功能不良因不同的原材料而显示其各自的特性。主要有标称值、误差值、耐压值、温湿度特性、高温特性、各原材料其他相关特性参数及功能等。

功能不良及按原材料分类的外观不良将在介绍各原材料的相关内容时再细述。

3.2.2　总结提升

本节主要讲述了电子产品来料整体检验的检验项目以及抽样产品常见的不良点检

验，通过本节内容的学习学生应该掌握从宏观上对整批电子产品整体检验的检验点和抽样样品检验的检验点。

3.2.3 活动安排

把学生分成几个小组，在实验室给每组学生提供一包（同一种）新的电子元器件，不使用任何工具仪器的情况下，让每组学生根据感官从中挑出不合格的产品。

3.3 IQC来料检查常用抽样手法

学习目标

1. 知识目标

掌握抽样检验的常用方法：层次抽样法、对角抽样法、三角抽样法、S形抽样法。

2. 能力目标

在电子产品检验的过程中能灵活运用合适的抽样方法对产品进行检验。

案例导入

小王是某电子公司的一名检验员，现来了一批电子元器件，他该采用何种抽样方法来判断这批电子元器件是否合格？

案例分析

小王要想完成任务，必须掌握电子产品检验常用的抽样方法以及具体的操作方法。

3.3.1 必备知识

来料检验常用的抽样手法有四种：层次抽样法、对角抽样法、三角抽样法、S形抽样法。

一、层次抽样法

这种方法适用于来货为分层摆放或次序排列的，则可采用层次抽样法进行抽样。如图3-2所示。如电阻、电容等贴片料多卷摆放在一起，卡通箱等分层叠放等，则适用之。

二、对角抽样法

对于来货摆放横竖分明、整齐一致的，则可采用对角抽样法进行抽样，如图3-3所示。如使用托盘等盛装或平铺放置的来料，则适用此法。

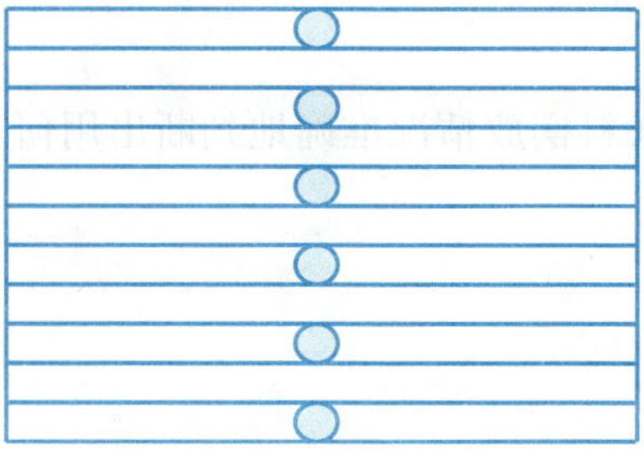

图 3－2 层次抽样法示意图

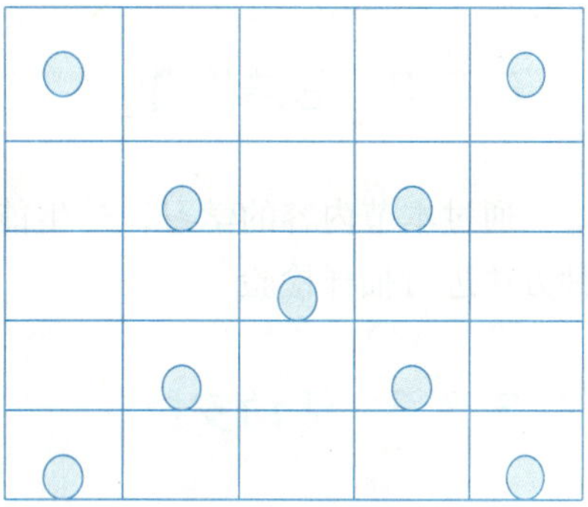

图 3－3 对角抽样法示意图

三、三角抽样法

来货若摆放在同一平面时，则可采用三角抽样法抽样，如图 3－4 所示。

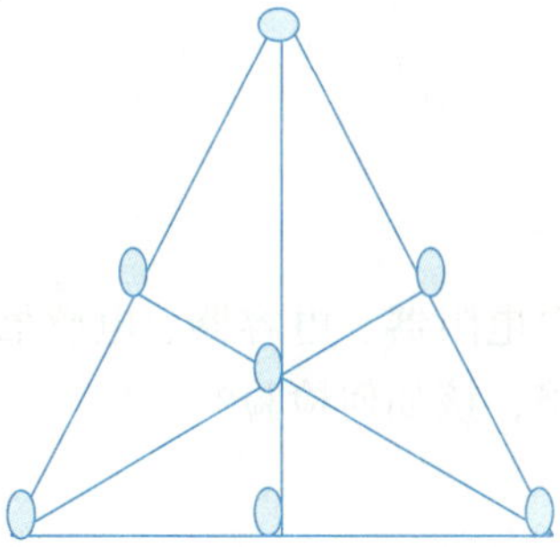

图 3－4 三角抽样法示意图

四、S 形抽样法

来货若摆放在同一平面时，也可采用 S 形抽样法抽样，如图 3－5 所示。

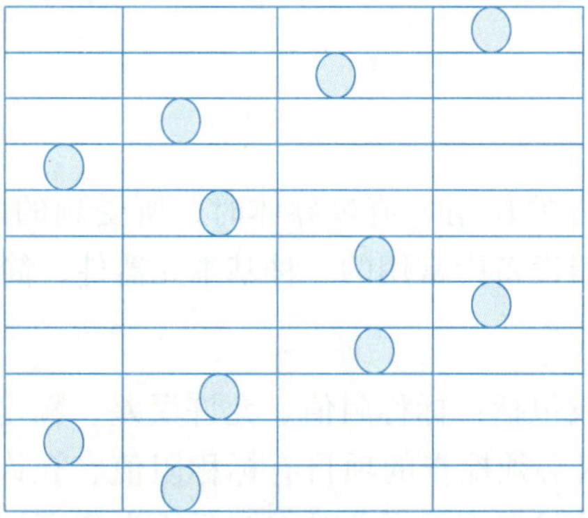

图 3－5 S 形抽样法示意图

3.3.2 总结提升

通过本节内容的学习，学生能够根据电子产品的来料摆放情况准确地判断出用何种方法进行抽样检验。

3.3.3 活动安排

把学生分成几个小组，在实验室给每组学生提供一包不同摆放形式的（同一种）新的电子元器件，让学生进行抽样检验。

3.4 常用电子元器件检验

3.4.1 任务描述

现有一批电子元器件，包含电阻器、电容器、电感器、晶体二极管、晶体三极管、晶振等，要求检验它们是否合格，该如何检验?

3.4.2 任务分析

要想完成此任务，首先要掌握各种元器件的检验方法以及检验指标，其次要掌握各种元器件常见的不良点，最后要掌握各种元器件的检验项目和使用的检验工具。

3.4.3 必备知识

一、电阻器的检验

电阻是指电荷在电场力的作用下流过导体时，所受到的阻力。它用“R”或“r”表示。电阻器是电子、电器设备中常用的一种基本元器件，简称电阻。

1. 电阻器的检查内容

电阻器的检查内容一般包括：标称阻值、允许误差、额定功率、电阻外观、包装、丝印、可焊性等。IQC 来料必须检查的项目有标称阻值、允许误差、电阻外观、包装、丝印等，可焊性在必要时才检验（检验方法参考后面电容可焊性的检验）、额定功率有说明时则核对是否符合。

2. 电阻器来料常见不良点

（1）电阻来料共有不良项：包装破损、包装不符、标示错误、少数多数、装放错乱、来料错误、误差不符、尺寸不符、本体破损等。

（2）色环电阻常见不良项：引脚氧化、卷曲、断落，色环脱落、模糊不清，本体汽孔、开裂；包装盒变形、破烂等。

（3）贴片电阻常见不良项：贴片料盘变形、编带破裂、反卷、孔位尺寸不符，丝印不清、脱落，焊头氧化、裂、脱落；本体开裂等。

电阻器的检查项目，如表3－2所示。

表3－2 电阻器的检查项目

检查内容	检查项目		不良项目	不良状态	不良等级			备注
					CR	MAJ	MIN	
外观	插件电阻	包装	料盒变形、破损	损伤部件或影响生产		√		
				对部件及生产无影响			√	
		电阻外观	色环不清	不能读值		√		
			色环脱落	不能读值		√		
			本体气孔	影响外观			√	
			本体破裂	—		√		
			引脚氧化	会导致焊接不良		√		
			引脚变形	影响插件			√	
			引脚松脱	影响电性能		√		
	贴片电阻	料盘、编带	料盘变形扭曲	影响机器贴装		√		
			料盘破裂	—			√	
			编带开裂	影响机器贴装		√		
			胶膜黏附过紧/松	过紧卷带不良/过松掉料		√		
			反卷	—		√		
		电阻外观	丝印不清	模糊不可辨		√		
				模糊可辨			√	
			焊头氧化发黑	影响焊接		√		
			焊头剥离脱落	影响焊接		√		
			本体裂缺	—		√		
性能	阻值		阻值超允许公差	—		√		
	额定功率		与规格值不符	—		√		非重点项
	可焊性		上锡不良	—		√		为可靠性检查

二、电容器的检验

电容器的作用主要有：耦合、滤波、隔直流、调谐以及与电感元件组成振荡电路等。在电力系统中，它可以用以改善系统的功率参数，提高电能的利用率；在机械加工艺中可以用电火花进行加工等。

1. 电容器的检查内容

电容器的检查内容一般包括：标称容值、允许误差、额定电压、工作温度范围、产品材质、包装、丝印、可焊性、耐焊性、漏电流（漏电阻）、损耗角正切等。

2. 电容器来料常见不良点

（1）电容器来料共有不良项：包装破损、包装不符、标示错误、少数多数、装放错乱、来料错误、误差不符、尺寸不符、本体破损、额定电压不符等。

（2）插件电容器常见不良项：引脚氧化、变形、脚距过宽（成型过的）；套管丝印模糊、高温缩皮、破皮、转动、开裂；漏电流偏大、正负极反向；料盒变形、破损、标示不清等。

（3）贴片电容器常见不良项：料盘变形、编带破裂、反卷、黏性过强（难卷起）；焊头氧化、裂脱；本体破损、开裂；温度特性不符、尺寸规格不符、端头材料不符、电容系列不符等。

3. 电容器特别检验

电容器的异常有失效、短路、断路、漏电等情况。

（1）漏电流检测。充电 60 ~ 90 s，用漏电流测试仪测出漏电不大于 0.1（0.2 或 0.3）$\times U_C$（具体视要求而定）。

（2）电解电容器正负极的判别。

①外观判别：根据引线长短——长引线为正极，短引线为负极。

②用万用表判别：电解电容器具有正向漏电电阻大于反向漏电电阻的特点。方法：万用表调至 $R\times 1k$ 或 $R\times 10k$ 挡，交换红、黑表笔测量电容器两次，以漏电电阻大的一次为准，黑表笔所接的就是电解电容器正极，红表笔所接的为负极。

③贴片电容的材质（温度特性）：贴片电容的材质有 NPO（COG）、X7R、Y5V、Z5U 等，不同材质受温度等外界影响有明显区别。

④可焊性检验（必要时）。

a. 检验设备。焊锡槽，放大镜（50 倍）。

b. 检验方法。将电容器的引脚以纵轴方向浸渍到 235 ± 5 ℃的焊槽中，保持 2 ± 0.5 s 取出。

c. 要求。电容器的引脚经过浸渍过，表面必须覆盖有一层光滑明亮的焊锡，引脚表面只允许有少量分散的针孔或未上锡的缺陷，且这些缺陷不得集中在同一区域。

d. 缺陷分类。严重缺陷。

e. 表面贴装其可焊性。具体检验方法参见国标。

电容器的检查项目如表 3 – 3 所示。

表3-3 电容器的检查项目

检查内容	检查项目		不良项目	不良状态	不良等级 CR	不良等级 MAJ	不良等级 MIN	备注
外观	插件电容	包装	料盒变形、破损	损伤部件或影响生产		√		
				对部件及生产无影响			√	
		电容外观	丝印不清	难识别电容规格			√	
			套管旋转	混淆极性		√		
			套管爆裂	有安全隐患或电性不良		√		
			套管脱落	外观不良，极性易弄错		√		
			极性不明	丝印或引脚不能有效区分		√		
			引脚氧化	会导致焊接不良		√		
			引脚变形	影响插件			√	
			引脚松脱	影响电性能		√		
	贴片电容	料盘、编带	料盘变形扭曲	影响机器贴装		√		
			料盘破裂	—			√	
			编带开裂	影响机器贴装		√		
			胶膜黏附过紧/松	过紧卷带不良/过松掉料		√		
			反卷	—		√		
		电容外观	焊头氧化发黑	影响焊接		√		
			焊头剥离脱落	影响焊接		√		
			本体裂缺	—		√		
性能	容值		容值超允许公差	—		√		
	额定电压		与规格值不符	—		√		
	可焊性		上锡不良	—		√		为可靠性检查
	温度特性		与要求不符	—		√		主要为SMD
	耐高温性能		套管缩皮	—		√		插件电容，为可靠性检查
			套管开裂	—		√		
	漏电流		漏电流偏大	—		√		$I=(0.1\sim0.3)\ \mu A$

三、电感器的检验

电感器简称电感，有时也叫线圈或电感线圈，电感器在电路中有阻止交流电通过，让直流电流通的作用。其字母符号为“L”。是家用电器中重要的组成元件之一。

1. 电感器的常见故障

电感器常见故障有以下四种：（1）线圈断路（由线圈脱焊、霉断或扭断引起）；（2）线圈发霉（会导致线圈 Q 值下降）；（3）线圈短路（由线圈受潮使导线间绝缘能力降低而造成漏电引起）；（4）线圈断股（多股导线绕制成的线圈易发生断股）。

2. 电感器的检验项目

（1）外观检查项目。外形是否完好；磁性材料有无缺损、裂缝；金属屏蔽罩有无腐蚀氧化；线圈绕组是否清洁干燥；导线绝缘漆有无刻痕划伤；接线有无断裂；铁心有无氧化；引脚有无扭曲氧化；丝印是否完整清晰；外包装是否完好；标示是否清晰明确；来料有无错乱现象；有否多数少数等。

（2）功能检查项目。①电感器：电感量及其误差；额定电流；直流阻值；品质因数（Q 值）；②变压器：额定功率；绝缘电阻；各级电感量；耐高压等。

电感器的检验项目，如表 3－4 所示。

表 3－4　电感器的检验项目

检查内容	检查项目		不良项目	不良状态	不良等级			备注
					CR	MAJ	MIN	
外观	插件电感	包装	料盒变形、破损	损伤部件或影响生产		√		
				对部件及生产无影响			√	
		电感外观	色环不清	不能读值		√		
			色环脱落	不能读值		√		
			本体气孔	影响外观			√	
			本体破裂	—		√		
			引脚氧化	会导致焊接不良		√		
			引脚变形	影响插件			√	
			引脚松脱	影响电性能		√		
	贴片电感	料盘、编带	料盘变形扭曲	影响机器贴装		√		
			料盘破裂	—			√	
			编带开裂	影响机器贴装		√		
			胶膜黏附过紧/松	过紧卷带不良/过松掉料		√		
			反卷	—		√		
		电感外观	丝印不清	模糊不可辨		√		指有丝印的电感（一般无丝印）
				模糊可辨			√	
			焊头氧化发黑	影响焊接		√		
			焊头剥离脱落	影响焊接		√		
			本体裂缺	—		√		
	变压器	包装	包装盒变形/破损	损伤部件或影响生产		√		
				对部件及生产无影响			√	
		变压器外观	外表破损	露线圈			√	
			引脚变形	影响插件			√	
			引脚过长	影响焊接和外观			√	
			引脚镀锡过多	插不到位			√	
			框架松动	—			√	
			印字或标注不良	—			√	本体及 LABLE 印字
			漆包线破漆露线	可能造成短路不良		√		

续表

检查内容	检查项目		不良项目	不良状态	不良等级			备注
					CR	MAJ	MIN	
性能	感值		感值超允许公差	—		√		
	额定电流		与规格值不符	—		√		
	可焊性		上锡不良	—		√		为可靠性检查
	品质因数		超规格值	—		√		不作重点检查
	变压器	变压器性能	线圈开路	—		√		
			线圈间短路	—		√		
			线圈内阻偏差大	—		√		
			各级线圈的感值超限	—		√		
			耐压不良	—	√			

四、晶体二极管的检验

二极管是由半导体材料硅或锗等的晶体做成的，故称之为晶体二极管或半导体二极管。二极管是结构最简单的有源电子器件。PN 结是构成半导体器材的基础，即最简单的普通二极管。二极管用字母“D”表示。

1. 二极管的检查项目

二极管的检查项目主要有：包装、标示、数量、尺寸、丝印、部件本体等外观检查项，功能检查有：二极管的极性（即二极管的单向导通性）、正向导通电压、反向击穿电压（稳压管稳压值）、特性曲线等（后三项在条件允许或要求的时候才检测）。

2. 晶体二极管检查中的常见不良项

二极管来料检查中的常见不良项主要有：包装变形、破损；标示不清或无标示、错漏；多数、少数；尺寸与规格不符；二极管本体破损；引脚松、断、氧化；极性标示不明确、极性称反；击穿短路、内部开路；发光管不发光、暗；稳压管稳压值偏高或偏低。

晶体二极管的检验项目，如表 3－5 所示。

五、晶体三极管的检验

晶体三极管是构成电子电路的核心元件，它可以组成放大、振荡及其他各种功能的电子线路。晶体三极管简称晶体管或三极管，在电路中用字母“Q”或“T”表示。

1. 三极管检查内容

三极管来料检查时需检查以下内容：包装、标示、数量、尺寸、丝印、焊接面、外表、本体完整性等外观项目，功能检查内容有：三极管放大倍数、开短路情况（有无击穿或烧坏开路）、集电极—发射极反向击穿电压等（有要求时检测）。

表 3－5　晶体二极管的检验项目

检查内容	检查项目		不良项目	不良状态	不良等级			备注
					CR	MAJ	MIN	
外观	插件二极管	包装	料盒变形、破损	损伤部件或影响生产		√		
				对部件及生产无影响			√	
			编带散脱	—		√		
		二极管外观	无极性标示	不能区分正负极		√		
			丝印不清	模糊不可辨		√		
				模糊可辨			√	
			本体破裂	—		√		
			引脚氧化	会导致焊接不良		√		
			引脚变形	影响插件			√	
			引脚松脱	影响电性能		√		
	贴片二极管	料盘、编带	料盘变形扭曲	影响机器贴装		√		
			料盘破裂	—			√	
			编带开裂	影响机器贴装		√		
			胶膜黏附过紧/松	过紧卷带不良/过松掉料		√		
			反卷	—		√		
		二极管外观	丝印不清	模糊不可辨		√		
				模糊可辨			√	
			极性标示不明	—		√		
			焊头氧化发黑	影响焊接		√		
			焊头剥离脱落	影响焊接		√		
			本体裂缺	—		√		
性能	单向导通性		性能不良	—		√		
	开路		—	—		√		
	短路（击穿）		—	—		√		
	导通电压		与规格不符	—		√		非重点项，有要求或有条件时检测
	反向漏电流		与规格不符	—		√		
	特性曲线		—	—		√		
	可焊性		上锡不良	—		√		为可靠性检查

2. 三极管来料检查常见不良项目

三极管来料检查常见不良项目有：包装变形、破损；标示不清、错漏；多数、少数；尺寸不符；丝印不清、脱落；引脚氧化、变形、断；本体破损、划伤；放大倍数不符；击穿、开路；反向击穿电压不符；极性错（各极排列与规格不符）等。

晶体三极管的检验项目，如表 3－6 所示。

表 3－6　晶体三极管的检验项目

检查内容	检查项目		不良项目	不良状态	不良等级			备注
					CR	MAJ	MIN	
外观	插件三极管	包装	料盒变形、破损	损伤部件或影响生产		√		
				对部件及生产无影响			√	
			编带散脱	—		√		
		三极管外观	丝印不清	模糊不可辨		√		
				模糊可辨			√	
			本体破裂	—		√		
			引脚氧化	会导致焊接不良		√		
			引脚变形、脚距宽	影响插件			√	
			引脚断	—		√		
			脚位标示不明	—		√		若有要求标示时
	贴片三极管	料盘、编带	料盘变形扭曲	影响机器贴装		√		
			料盘破裂	—			√	
			编带开裂	影响机器贴装		√		
			胶膜粘附过紧/松	过紧卷带不良/过松掉料		√		
			反卷	—		√		
		三极管外观	丝印不清	模糊不可辨		√		
				模糊可辨			√	
			脚歪	—			√	
			焊脚氧化发黑	影响焊接		√		
			脚断	—		√		
			本体裂缺	—		√		
性能	放大倍数		偏大或偏小	—		√		
	开路			—		√		
	短路（击穿）			—		√		
	C－E 反向击穿电压		与规格不符	—		√		非重点项，有要求或有条件时检测
	引脚排列顺序		错位	—		√		
	特性曲线			—		√		
	可焊性		上锡不良	—		√		为可靠性检查

六、晶振的检验

晶振又叫晶体振荡器，是一种通过一定电压激励产生固定频率的一种电子元器件，被广泛用于家电仪器和电脑等方面。在电路中晶振用字母“Y”表示。

1. 晶体的检查内容

晶体检查通常包括以下内容：包装状况、晶体封装（外形）、表面丝印、引脚或焊端、尺寸规格等；若条件允许，则需检测晶体的串联/并联谐振频率、串联/并联谐振电阻、频偏、静态电容、温度特性、耐冲击性等；若只有部分条件允许，只需调整晶体的等效阻抗、负载电容或激励功率等，检测其标称起振频率。

2. 晶体的常见不良项

晶体检查中的常见不良项有：不起振、频偏过大、串联/并联谐振阻抗偏大、高温后频偏大、包装不良、封装不良、丝印不清、耐冲击不良、引脚/焊端氧化等。

晶振的检验项目，如表 3－7 所示。

表 3－7　晶振的检验项目

检查内容	检查项目		不良项目	不良状态	不良等级			备注
					CR	MAJ	MIN	
外观	插件晶振	包装	料盒变形、破损	—			√	
		晶振外观	丝印不清	模糊不可辨		√		
				模糊可辨			√	
			外壳生锈	—			√	
			封装不良	—			√	
			引脚氧化	会导致焊接不良		√		
			引脚变形	影响插件			√	
			引脚断	—		√		
	贴片晶振	料盘编带	料盘变形扭曲	影响机器贴装		√		
			料盘破裂	—			√	
			编带开裂	影响机器贴装		√		
			胶膜黏附过紧/松	过紧卷带不良/过松掉料		√		
			反卷	—		√		
		晶振外观	丝印不清	模糊不可辨		√		
				模糊可辨			√	
			封装不良	—			√	
			脚歪	—			√	
			焊脚氧化发黑	影响焊接		√		
			脚断	—		√		
性能	频率		偏大或偏小	—		√		有条件时检测
	等效阻抗		偏大	—		√		
	静态电容		偏大	—		√		
	并联谐振阻抗		—	—		√		
	跌落实验		跌落实验后晶体坏	—		√		为可靠性检查
	高温实验		高温后频偏大	—		√		为可靠性检查
	可焊性		上锡不良	—		√		为可靠性检查

七、集成电路的检验

集成电路也叫“IC”或“芯片”，在电路中用字母“U”表示。

1. 集成电路的检查项目

（1）包装：包装方式——管装、卷装、盘装、散袋装；真空包装、静电袋包装等；包装状况——变形、破损、混装、少数、多数等；

（2）标示：状态标示——名称、编号、Date Code、Lot No、制造商、供应商、数量、Rohs 等；特性标示——ESD（防静电）、湿度等级、防强电磁等；

（3）丝印：丝印内容——制造商名或商标、规格、产地、周期、速度等；丝印状况——清晰正确、模糊可辨、错漏不符、模糊不可辨等；

（4）IC 本体：引脚状况——氧化、变形、断等；本体状况——缺口、破裂、伤等。

2. 集成电路检查注意事项

（1）检查集成电路需佩戴静电手环、手指套等防静电用具。

（2）检查集成电路需根据其特性标示检查其包装方式。

（3）需确认集成电路的有效时限，并在检查完后加贴时效性贴纸。

（4）注意检查 IC 的规格及其制造商。

集成电路的检验项目，如表 3－8 所示。

表 3－8 集成电路检验项目

检查内容	检查项目	不良项目	不良状态	不良等级			备注
				CR	MAJ	MIN	
外观	包装（卷装、管装、盘装、真空、静电袋、散袋装等）	包装变形	损伤 IC 或影响生产		√		
			对 IC 及生产无影响			√	
		包装破损	损伤 IC 或影响生产		√		
			对 IC 及生产无影响			√	
		包装不符	与要求的包装规格不符		√		
		装放错乱	实物与标示不符、凌乱		√		
	标示（名称、编号、q'ty、日期、ESD、LEVEL 等）	无标示	来料没有标示		√		
		标示错误	料未错，标示不对		√		
		标示不清	不可辨认		√		
		位置不一致	—			√	
	数量	多数	—			√	
		少数	—		√		
	丝印（规格、LOGO、周期、产地等）	丝印不清	模糊可辨			√	
			模糊不可辨		√		
		丝印错误	与实际需印的字符不符		√		
		丝印偏位	歪斜、印反、出位等			√	
		丝印缺漏	丝印残缺或漏印		√		

续表

检查内容	检查项目	不良项目	不良状态	不良等级			备注
				CR	MAJ	MIN	
外观	尺寸	尺寸不符	偏大或偏小		√		
	IC 本体	来料错	来料与 IC 要求规格不符		√		
		引脚变形	—		√		
		引脚氧化	难上锡、造成虚焊、假焊		√		
			上锡不良，但可接受			√	
		引脚断	—		√		
		IC 破裂	—		√		
		IC 缺口，划伤	露内部线路，影响电性		√		
			未伤及内部，损伤轻微			√	
功能	—	—	—				免检

3.4.4 总结提升

经过本节内容的学习，学生应掌握常见电子元器件的检验项目、常见的不良点、检验项目以及一些电子元器件的特殊检验，在掌握的基础上学生具备电子产品检验的能力。

3.4.5 活动安排

把学生分成几个小组，在实验室给每组学生提供一批（同一种）新的电子元器件，包含电阻器、电容器、电感器、晶体二极管、晶体三极管、晶振，让学生进行抽样检验。

3.5 电子元器件来料检验结果的处理

3.5.1 任务描述

现有一批电子元器件，经过了检验，检验结果该如何处理?

3.5.2 任务分析

要想完成此任务，要掌握电子产品来料检验结果的处理方法。

3.5.3　必备知识

对于检验过的电子元器件根据检验结果最后需 IQC 作如下处理。

一、入库或生产线

对于检验合格且符合要求和标准的电子元器件放入仓库待用或直接送生产线使用。

二、退货

根据 IQC 检验报告及采购合同，当来料不良率达到一定的比例（不良率 >15%）时可以判定为退货。

三、特采

特采是因电子产品来料不符合接受标准（5% < 不良率 < 15%），但不会影响或降低产品性能，在生产急需时而采取的降级全批使用，对于供应商可进行折价处理。

四、挑选

根据 IQC 检验报告及采购合同，当来料不良率达到一定比例（不良率 <5%）时，但因生产急需时采取挑选使用的方式。经与供应商协商，挑选主要有三种方式：

（1）要求供应商安排质检人员上门挑选，所有的费用由供应商自行承担。

（2）由客户安排物料上生产线，边挑选边使用，所产生的挑选工时由供应商承担。这种方式挑选成本相对较低，但存在的质量风险最大。

（3）由客户安排质检人员挑选，所有的挑选工时由供应商承担。这种方式挑选成本高。

五、让步放行

任何产品都不可避免地会存在不合格产品，零缺陷（即不良率 =0%）只是追求的极限目标。ISO9000 族标准允许对不合格产品进行放行处理，这就意味着可以使用不合格产品，而这是存在风险的。对于让步放行的不合格产品的使用，签字同意人员是要负责任的，所以要慎用！

3.6　项目验收

（1）经过本项目的学习，前面的项目是否完成了呢？在对这些元器件检验的过程中遇到了什么问题？你是如何解决这些问题的？

（2）上交检验记录？

（3）简述元器件来料检验的一般流程。

（4）简述元器件来料检验的依据和目的是什么？

（5）简述常用电子元器件电阻、电容、电感、晶体管的检验方法和检验项目。

项目评价

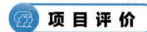

请反思在本项目进程中你的收获和疑惑，写出你的体会和评价。

项目总结与评价表

<table>
<tr><th>内容</th><th colspan="2">你的收获</th><th>你的疑惑</th></tr>
<tr><td>获得知识</td><td colspan="2"></td><td></td></tr>
<tr><td>掌握方法</td><td colspan="2"></td><td></td></tr>
<tr><td>习得技能</td><td colspan="2"></td><td></td></tr>
<tr><td colspan="4">学习体会</td></tr>
<tr><td rowspan="3">学习评价</td><td>自我评价</td><td colspan="2"></td></tr>
<tr><td>同学互评</td><td colspan="2"></td></tr>
<tr><td>老师寄语</td><td colspan="2"></td></tr>
</table>

项目4

电子产品生产过程检验

学习指南

本项目介绍电子产品生产过程检验，通过学习使学生了解电子产品生产过程检验的质量控制系统设计，掌握电子产品元器件检验的各个程序、过程检验的几种方式、品质异常的处理及记录方法。通过学习使学生具备电子产品生产过程检验的基本知识。本项目的重点内容是过程检验，难点是质量控制系统设计。电子产品生产过程检验是电子产品检验的中间环节，对整个电子产品的质量起着重要的作用，是后续项目的基础。本项目的学习采取理论讲解和练习相结合的方式，对学生的评价以学生对电子产品生产过程检验知识的掌握作为主要的依据。

思维导图

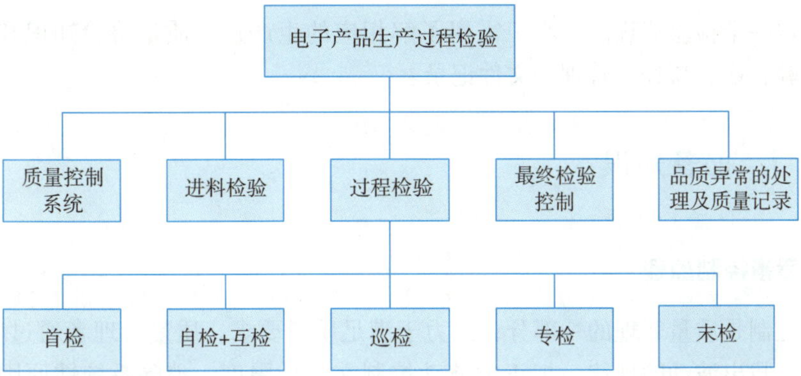

案例导入

确保来料的质量之后，下一步就要进入生产环节了。那么，合格的原料经过生产

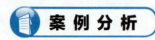

变成产品就一定是好的吗？在生产过程中会不会引入什么缺陷？在生产过程中怎样检验产品呢？

案例分析

生产过程的检验一般是指对物料入仓后到成品入库前各阶段的生产活动的品质控制，它是电子产品质量控制的重要环节，生产过程质量检验主要包括进货检验（IQC）、生产过程检验（IPQC）、最终检验控制、品质异常的反馈及处理、质量记录。

4.1 质量控制系统设计

学习目标

1. 知识目标

（1）了解质量控制基本原理。

（2）掌握质量控制系统设计的基本步骤。

2. 能力目标

能进行简单的质量控制系统设计。

案例导入

小王应聘某电冰箱厂的QC质量控制员，笔试时有一道题目是：假如你是我们公司的QC，现在公司新研制了某型号的电冰箱，请你针对这个型号的电冰箱制定相应的检验流程图，你应该具备哪些相关知识？

案例分析

要制定一个检验流程图，小王需要了解相应的生产过程质量检验知识和过程检验涉及的检验程序、流程、管理和文件记录。

4.1.1 必备知识

一、质量控制原理

质量控制是质量管理的一部分，致力于满足质量要求。质量管理者通过收集数据、整理数据、找出波动的规律，把正常波动控制在最低限度，消除系统性原因生成的异常波动。把实际测得的质量特性与相关标准进行比较，并对出现的差异或异常现象采取相应措施进行纠正，从而使工序处于受控状态，这一过程就叫做质量控制，质量控制的发展历程，如图4－1所示，质量控制可分为七个步骤：

（1）选择控制对象；

（2）选择需要监测的质量特性值；

（3）确定规格标准，详细说明质量特性；

（4）选定能准确测量该特性值的监测仪表仪器或自制测试手段；

（5）进行实际测试并做好数据记录；

（6）采用适宜的数据分析方法分析实际与规格之间存在的原因；

（7）采取相应的纠正和预防措施。

当采取相应的纠正和预防措施后，仍然要对过程进行监测，将过程保持在新的控制水准上。一旦出现新的影响因素，还需要测量数据分析原因进行纠正，因此这七个步骤形成一个封闭式流程，称为反馈环。

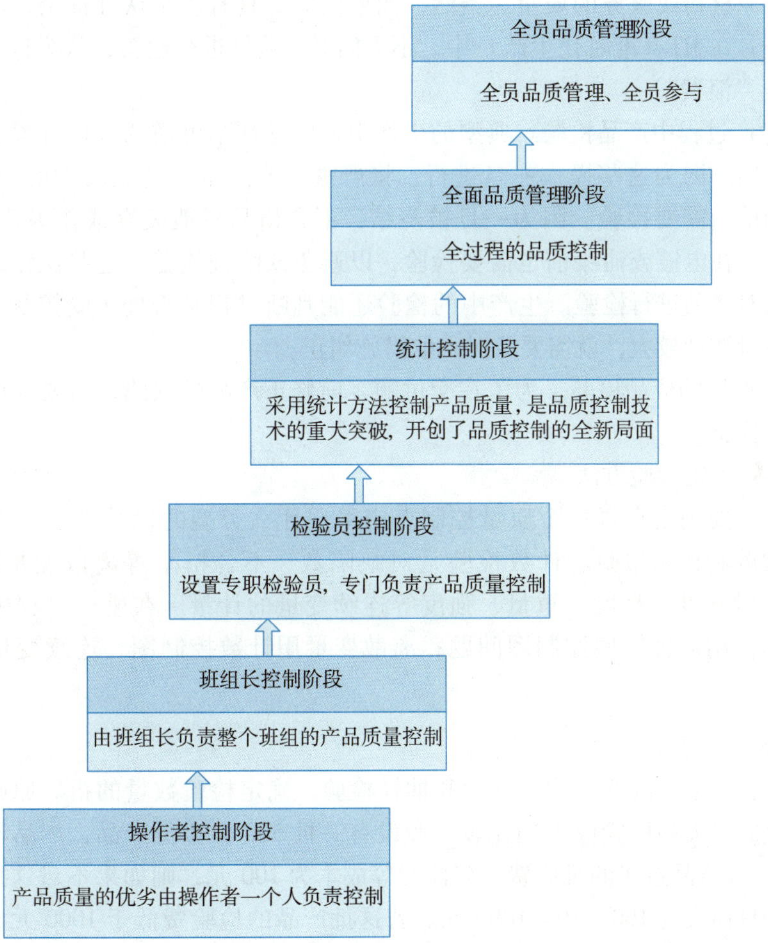

图4－1　质量控制的发展历程

二、质量控制系统设计

在进行质量控制时，需要对需要控制的过程、质量检测点、检测人员、测量类型和数量等几个方面进行决策，这些决策完成后就构成了一个完整的质量控制系统。

第一步：过程分析

一切质量管理工作都必须从过程本身开始。在进行质量控制前，必须分析生产某种产品或服务的相关过程。一个大的过程可能包括许多小的过程，通过采用流程图分析方法对这些过程进行描述和分解，以确定影响产品或服务质量的关键环节。

在确定需要控制的每一个过程后，就要找到每一个过程中需要测量或测试的关键点。一个过程的检测点可能很多，但每一项检测都会增加产品或服务的成本，所以要在最容易出现质量问题的地方进行检验。典型的检测点包括：

（1）生产前的外购原材料或服务检验。为了保证生产过程的顺利进行，首先要通过检验保证原材料或服务的质量。当然，如果供应商具有质量认证证书，此检验可以免除。另外，在JIT（准时化生产）中，不提倡对外购件进行检验，认为这个过程不增加价值，是“浪费”。

（2）生产过程中产品检验。典型的生产中检验是在不可逆的操作过程之前或高附加值操作之前。因为这些操作一旦进行，将严重影响质量并造成较大的损失。例如，在陶瓷烧结前，需要检验。因为一旦被烧结，不合格品只能废弃或作为残次品处理。又比如，产品在电镀或油漆前也需要检验，以避免缺陷被掩盖。这些操作的检验可由操作者本人对产品进行检验。生产中的检验还能判断过程是否处于受控状态，若检验结果表明质量波动较大，就需要及时采取措施纠正。

（3）生产后的成品检验。为了在交付顾客前修正产品的缺陷，需要在产品入库或发送前进行检验。

第二步：确定检验方法

接下来，要确定在每一个质量控制点应采用什么类型的检验方法。检验方法分为：计数检验和计量检验。计数检验是对缺陷数、不合格率等离散变量进行检验；计量检验是对长度、高度、重量、强度等连续变量的计量。在生产过程中的质量控制还要考虑使用何种类型控制图问题；离散变量用计数控制图，连续变量采用计量控制图。

1. 检验样本大小

确定检验数量有两种方式：全检和抽样检验。确定检验数量的指导原则是比较不合格品造成的损失和检验成本相比较。假设有一批500个单位产品，产品不合格率为2%，每个不合格品造成的维修费、赔偿费等成本为100元，则如果不对这批产品进行检验的话，总损失为 $100\times10=1000$ 元。若这批产品的检验费低于1000元，可应该对其进行全检。当然，除了成本因素，还要考虑其他因素。如涉及人身安全的产品，就需要进行100%检验。而对破坏性检验则采用抽样检验。

2. 全数检验

将送检批的产品或物料全部加以检验而不遗漏的检验方法，适用于以下情形。

(1) 批量较小，检验简单且费用低。

(2) 产品必须是合格。

(3) 产品如有少量的不合格，可能导致该产品产生致命性的影响。

3. 抽样检验

(1) 对产品性能检验需进行破坏性试验。

(2) 批量太大，无法进行全数检验。

(3) 需较长的检验时间和检验费用。

(4) 允许有一定程度的不良品存在。

4. 检验人员

检验人员的确定可采用操作工人和专职检验人员相结合的原则。在6S管理中，通常由操作工人完成大部分检验任务。

4.1.2 总结提升

本节介绍了质量控制原理和质量控制系统设计。质量控制系统设计是本节的难点，通过本节的学习，学生应掌握质量控制系统的基本组成部分。

4.1.3 活动安排

小王学习了本节的知识后制定了如图4－2所示的检验流程图，请你联系你的实践经历制定一个简单的检验流程图。

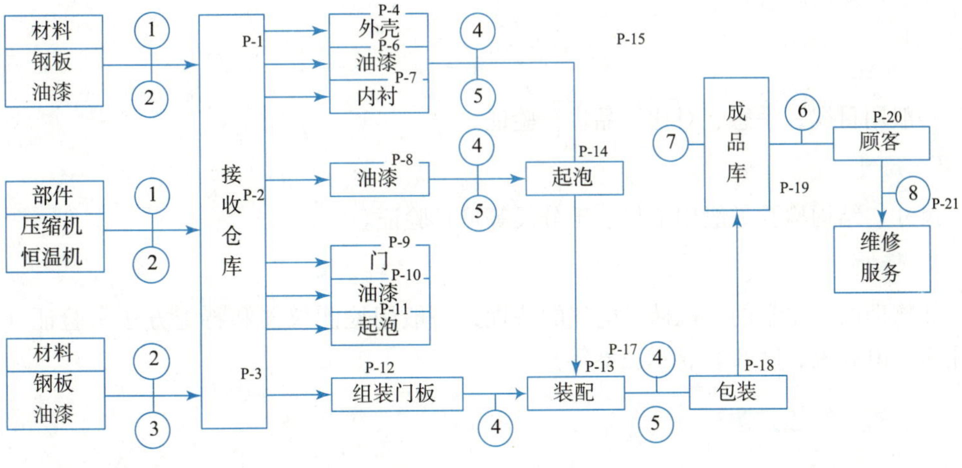

图4－2 电冰箱生产检验流程图

①合格证；②抽样验收；③最初的抽样检验；④工序控制；⑤控制图；⑥出厂检验和试验；⑦质量审核；⑧维修服务报表

4.2 进料检验（IQC）

学习目标

1. 知识目标

了解进料检验的项目和方法。

2. 能力目标

能进行进料检验的处理

案例导入

小王成功通过了面试，成为电冰箱厂的质量控制员，刚进厂上级老李就安排他去进料检验部实习。哪些属于进料检验呢？

案例分析

老李告诉他进料检验是生产环节正常开展的前提，是制止不良原物料进入物料仓库的控制点，也是评鉴供料厂商主要的资讯来源。要想掌握产品整个检验过程，必须从进料检验开始。

4.2.1 必备知识

进料检验是工厂制止不合格物料进入生产环节的首要控制点。

一、进料检验项目

1. 外观

一般用目视、手感、对比样品进行验证。

2. 尺寸

尺寸、结构检验一般用卡尺、千分尺等量具验证。

3. 特性

如物理的、化学的、机械、电气的特性，一般用检测仪器和特定方法来验证（如万用表、电容表、LCR 表、示波器等）。

二、进料检验方法

所进的物料，又因供料厂商的品质信赖度及物料的数量、单价、体积等，加以规划为全检、抽检、免检。

（1）全检。全检是指根据某种标准对被检查产品进行全部检查。其特点是数量少，单价高。

(2) 抽检。抽检是从一批产品中随机抽取少量产品（样本）进行检验，据以判断该批产品是否合格的统计方法和理论。其特点是数量多，或经常性的物料。

(3) 免检。数量多，单价低或一般性补助或经认定列为免检（一般不实行）之厂商或局限性之物料。

三、检验结果的处理

(1) 接收。填写接收检验报告单，并加盖合格的标贴。

(2) 拒收（即退货）。填写接收检验报告单，并加盖“批退”标贴。

(3) 让步接收。评估缺点影响，降格使用。

(4) 全检（挑出不合格品退货）。

(5) 返工后重检。

四、依据的标准

《原材料、外购件技术标准》《进货检验和试验控制程序》等。

4.2.2 总结提升

本节介绍了进料检验的基本知识。进料检验的项目、方法和结果处理等环节。通过本节的学习，学生应掌握进料检验的基本流程。

4.2.3 活动安排

了解进料检验的重要性，小王高兴地去进料检验部实习了。也请你从身边的物品开始，模拟一个进料检验吧。

4.3 过程检验（IPQC）

学习目标

1. 知识目标

(1) 了解过程检验的内容。

(2) 掌握过程检验的方式。

2. 能力目标

能通过过程检验判定生产过程是否正常。

案例导入

小王在进料检验部实习了一个月，对电冰箱的物料已经非常熟悉了。第二个月，老李安排他去下一站——过程检验部。就要看到冰箱的生产线了，小王很兴奋。老李告诉他去之前得先了解一下过程检验的基本知识。

案例分析

过程检验是保证产品质量的重要环节，过程检验的作用不是单纯的把关，而是要同工序控制密切地结合起来，判定生产过程是否正常，同时要和质量改进密切联系，把检验结果变成改进质量的信息，从而采取质量改进的行动。

4.3.1 必备知识

过程检验（In－Process Quality Control，IPQC）是指在生产过程中，对所生产产品（软件、硬件、服务、流程性材料等）以各种质量控制手段根据产品工艺要求对其规定的参数进行的检测检验，达到对产品质量进行控制的目的。过程检验可以防止产生批量的不合格品，防止不合格品流入下道工序。

1. 过程检验的目的和作用

过程检验的目的是为了防止出现大批不合格品，避免不合格品流入下道工序继续进行加工。因此，过程检验不仅要检验产品，还要检定影响产品质量的主要工序要素（如4MIE）。实际上，在正常生产成熟产品的过程中，任何质量问题都可以归结为4M1E中的一个或多个要素出现变异导致，因此，过程检验可起到两种作用。

（1）根据检测结果对产品做出判定，即产品质量是否符合规格和标准的要求；

（2）根据检测结果对工序做出判定，即过程各个要素是否处于正常的稳定状态，从而决定工序是否应该继续进行生产。为了达到这一目的，过程检验中常常与使用控制图相结合。

2. 过程检验的方式

（1）首检。

首件检验也称为“首检制”，长期实践经验证明，首检制是一项尽早发现问题、防止产品成批报废的有效措施。通过首件检验，可以发现诸如工装夹具严重磨损或安装定位错误、测量仪器精度变差、看错图纸、投料或配方错误等系统性原因存在，从而采取纠正或改进措施，以防止批次性不合格品发生。

通常在下列情况下应该进行首件检验：

第一，一批产品开始投产时；

第二，设备重新调整或工艺有重大变化时；

第三，轮班或操作工人变化时；

第四，毛坯种类或材料发生变化时。

首件检验一般采用“三检制”的办法，即操作工人实行自检，班组长或质量员进行复检，检验员进行专检。首件检验后是否合格，最后应得到专职检验人员的认可，检验员对检验合格的首件产品，应打上规定的标记，并保持到本班或一批产品加工完了为止。

对大批大量生产的产品而言，“首件”并不限于一件，而是要检验一定数量的样品。特别是以工装为主导影响因素（如冲压）的工序，首件检验更为重要，模具的定位精度必须反复校正。为了使工装定位准确，一般采用定位精度公差预控法，即反复调整工装，使定位尺寸控制在 1/2 公差范围的预控线内。这种预控符合正态分布的原理。国内的家电生产的企业，工艺自动化程度低，主要依赖员工的操作控制。因此，新品生产和转拉时的首件检查，能够避免物料、工艺等方面的许多质量问题，做到预防与控制结合。

（2）自检 + 互检。

自检是每做完一产品后对自己所在工序操作内容进行检查。包括开机（生产）前对“机、料、环”的检查。多指在生产现场可以直接检验的项目，如外观目测，漏工序（件）和工人没有量检具检验的项目，不包含需要到检测室验的项目。

互检是每接到一产品时自己先对前一工序操作内容进行的检查。互检有利于不良品及时发现，不良品最多不超过一道工序，有利于减少不良品发生。自检和互检适合生产线上的每个岗位和员工，可以提高生产效率，有利于全员质量管理工作开展。

（3）巡检。

巡回检验就是检验工人按一定的时间间隔和路线，依次到工作地或生产现场，用抽查的形式，检查刚加工出来的产品是否符合图纸、工艺或检验指导书中所规定的要求。在大批、大量生产时，巡回检验一般与使用工序控制图相结合，是对生产过程发生异常状态实行报警，防止成批出现废品的重要措施。当巡回检验发现工序有问题时，应进行两项工作：

一是寻找工序不正常的原因，并采取有效的纠正措施，以恢复其正常状态；

二是对上次巡检后到本次巡检前所生产的产品，全部进行重检和筛选，以防不合格品流入下道工序（或用户）。

巡回检验是按生产过程的时间顺序进行的，因此有利于判断工序生产状态随时间过程而发生的变化，这对保证整批加工产品的质量是极为有利的。为此，工序加工出来的产品应按加工的时间顺序存放。巡检应参照相应的检验规范、作业指导书、产品图纸、技术文件、生产指令（BOM、订单、签样）。

（4）专检。

专检就是由专业检验人员进行的检验，要有相应的专检记录表。

由于生产人员有严格的生产定额，容易产生错检和漏检。而专职检验人员无论对产品的技术要求，工艺知识和检验技能，都要比生产工人熟练，相对生产工人其检验结果比较可靠，检验效率也比较高。因此对于一些重要部件专检相当重要，是互检和自检不能取代的。

（5）末检。

末检是一批产品加工完毕后，对最后几个加工产品检验；本班次生产结束时，对最后生产的几个加工产品检验，末检产品多保留下一班次生产前。

末检的作用。

①如果发现末件有缺陷，可对前面加工产品进行检验，防止不良品流入下一工序。

②在下批投产前把模具或装置修理好，以免下批投产后被发现，，从而因需修理模具而影响生产。

③换班生产时，另一个班的操作人员应将本班的首件与上一班的末件进行比对，防止产品在公差带内忽偏下线忽偏上线，控制产品的生产过程，保证产品生产的稳定性。

靠模具或装置来保证质量的轮番生产的加工工序，建立“末件检验制度”是很重要的。即一批产品加工完毕后，全面检查最后一个加工产品，如果发现有缺陷，可在下批投产前把模具或装置修理好，以免下批投产后被发现，从而因需修理模具或装置而影响生产。

4.3.2 总结提升

本节学习了过程检验，过程检验不是单纯的把关，而是要同工序控制密切地结合起来，判定生产过程是否正常。通常要把首检、巡检同控制图的使用有效地配合起来。要同质量改进密切联系，把检验结果变成改进质量的信息，从而进行质量提升。通过本节的学习，学生应掌握过程检验的方式和作用。

4.3.3 活动安排

（1）过程检验的目的是什么？

（2）过程检验的主要方法？

（3）如何理解产品质量和产品检验之间的关系？

4.4 最终检验控制（QA）

学习目标

1. 知识目标

（1）了解最终检验的内容。

（2）熟悉最终检验的要求。

2. 能力目标

掌握最终检验的作用和重要性。

案例导入

一个月很快就过去了，小王在过程检验部实习，感觉虽然辛苦但是很有收获，实习回来他对老李提出了很多质量改进的想法和建议。马上就要进入最后一站——最终检验部。物料经生产线变成了产品，最后还要经过哪些检验呢？小王又要学习了。

案例分析

最终检验试验是验证产品完全符合顾客要求的最后保障。经检验合格的产品才能予以放行。否则，不合格的产品流落到用户手里，后果是非常严重的。

4.4.1 必备知识

最终检验控制即成品出货检验，出货检验是指产品在出货之前为保证出货产品满足客户品质要求所进行的检验，经检验合格的产品才能予以放行出货。出货检验一般实行抽检，出货检验结果记录有时根据客户要求提供给客户。

1. 适用范围

最终检验试验是验证产品完全符合顾客要求的最后保障。当产品复杂时，检验活动会被策划成与生产同步进行，这样有助于最终检验的迅速完成。

2. 出货检验目的和作用

（1）出货检验的目的是防止不合格品出厂和流入用户手中，以免损害客户的利益和企业的信誉。

（2）出货检验可以全面确认产品的质量水平和质量状况，即出厂检验可以确认产品是否符合规范和技术文件要求的重要手段，并为最终产品符合规定要求提供证据。

3. 出货检验的要求

以电子行业为例，主要有装配过程检验、总装检验以及型式检验。

（1）装配过程检验。根据企业相关技术文件要求，将零件、部件进行配合和连接使之成为半成品或成品的工艺过程叫装配。在生产过程中，装配工序一般作为最后一道工序，虽然零部件、配套件的质量均已符合规范和技术文件规定的要求，但在装配过程中，如不遵守工艺规程和技术文件规定，仍会导致产品的不合格。

部件装配是依据产品图样和装配工艺规程，把零件装配成部件的过程。部件装配检验是依据产品图样，装配工艺规程及检验规程对部件的检验。

（2）总装检验。把零部件或外购件按工艺规程装配成最终产品的过程称为总装。

总装检验是依据产品的图样、装配工艺规程及检验规程对最终产品的检验，主要检验内容包括：

①成品的性能：包括正常功能、特殊功能及效率三个方面；

②成品的精度：包括几何精度和工作精度两个方面；

③结果：指对产品的装卸、可维修性、空间位置等；

④操作：主要要求操作简便、灵巧；

⑤外观：和产品设计一致；

⑥安全性：指产品在使用过程中保证安全的程度；

⑦环保性：符合国家环保标准。

（3）型式检验。型式检验是根据产品技术标准或设计文件要求或产品试验大纲要求，对产品的各项质量指标所进行的全面试验和检验。通过型式检验，评定产品技术性能是否达到设计功能要求，并对产品的可靠性、可维修性、安全性、外观等进行数据分析和综合评价。

型式检验一般对产品存放的环境、应力条件比较恶劣，常有的包括低温、高温、湿热、机械振动、热冲击等。

因为型式检验对产品存在有一定的破坏性，因此型式检验主要在新产品研制、设计定型时进行，而批量生产时一般只是根据客户的选择性要求做相应的试验，甚至不再做试验。

4.4.2 总结提升

本节学习了最终检验，最终检验是检验的最后环节，要严格控制不合格品流入市场。通过本节的学习，学生应掌握最终检验的形式和重要性。

4.4.3 活动安排

组织学生参观某电子产品的最终检验环节。

4.5 品质异常的处理及质量记录

学习目标

1. 知识目标

（1）了解品质异常的原因。

（2）熟悉品质异常一般处理流程。

2. 能力目标

掌握品质异常一般处理流程，并进行质量记录。

案例导入

小王在最终检验部的实习期也圆满结束了，他向老李汇报最近的学习心得，经过实习，经历了冰箱从原材料开始经过各个步骤的生产、检验、再组装、检验。合格的产品被贴上合格标签，出厂了，非常有成就感，但是检验出的不合格的产品应该怎么办呢？老李告诉他检验的工作不只是检验出合格的产品，更重要的是做好不合格产品的处理及质量记录，为产品的质量提升提供可靠的数据。

案例分析

产品的品质异常的处理及质量的记录是检验工作里面重要的环节，发现质量异常，做详细的质量记录，形成品质周报/月报/季报/年报可以为质量策划提供依据，提高全体人员品质意识。

4.5.1 必备知识

一、品质异常可能发生的原因

生产现场的品质异常主要指的是在生产过程中发现来料、自制件批量不合格或有批量不合格的趋势。

品质异常的原因通常有：

(1) 来料不合格包括上工序、车间的来料不合格。

(2) 员工操作不规范，不按作业指导书进行、新员工未经培训或未达到要求就上岗。

(3) 工装夹具定位不准。

(4) 设备故障。

(5) 由于标识不清造成混料。

(6) 图纸、工艺技术文件错误。

二、品质异常一般处理流程

(1) 判断异常的严重程度（要用数据说话）。

(2) 及时反馈品质组长及生产组长并一起分析异常原因（不良率高时应立即开出停线通知单）。

(3) 查出异常原因后将异常反馈给相关的部门。

①来料原因反馈上工序改善；

②人为操作因素反馈生产部改善；

③机器原因反馈设备部；

④工艺原因反馈工程部；

⑤测量误差反馈计量工程师；

⑥原因不明的反馈工程部。

(4) 各相关部门提出改善措施，IPQC 督促执行。

(5) 跟踪其改善效果，如果改善可以，此异常则结案，改善没有效果则继续反馈。

三、质量记录

质量记录是阐明所取得的结果或提供所完成活动证据的文件。为已完成的品质作业活动和结果提供客观的证据。必须做到：准确、清晰、简洁、及时、字迹清晰、完整并加盖检验印章或签名。还要做到：及时整理和归档、并储存在适宜的环境中。ISO标准描述的质量体系，要求供方应制定质量记录的标识、收集、编目、归档、存储、保管和处理程序，并贯彻执行。

1. 质量记录的特点

（1）可操作性。指导操作性使用的一种文件，因而明确、具体、实用。

（2）可检查性。质量记录反映操作者的实际操作活动，具有数量化和特征化，因而可以检查和评价。

（3）可追溯性。要需要追踪了解查明原因时对通过质量记录查明情况，从而可以有针对性地采取预防和纠正措施。

（4）可见证性。为企业进行内部或外部质量体系审核提供证据，它可以证实是否已实施了规定的质量体系要求及实施的程度。另外质量记录也可以反映对不合格采取了哪些纠正措施。

（5）系统性。记录了整个质量活动的完整过程，因而具有连续性，也为管理者分析质量问题、质量发展趋势提供依据，同时也为质量成本分析、统计技术的运用提供了依据。

2. 质量记录的类型

（1）质量记录。也叫管理记录，是记录工作的一部分。记录控制包括技术记录，质量记录；这些记录包括下列类型的文件：

①产品规范；

②主要设备的图纸，原材料构成说明书；

③原材料实验报告；

④产品制造各阶段的检验和实验报告；

⑤产品允许偏差和获得认可的详细记录；

⑥不合格材料及其处理的记录；

⑦委托安装和保修期内服务的记录；

⑧产品质量投诉和采取纠正措施的记录；

⑨来自内部审核和管理评审的报告及纠正措施的记录。

（2）运行记录。这些记录将证实质量体系的正常运作，包括标准操作程序的有效运行。

①质量审核报告和管理评审记录；

②对供方及其定额的认可记录；

③过程控制和纠正措施记录；

④试验设备和仪器的标识记录；

⑤人员资格和培训方面的记录。

4.5.2 总结提升

本节学习了品质异常一般处理流程，并进行质量记录，质量记录是已完成的品质作业活动的客观的证据，是分析质量问题、质量发展趋势和质量成本分析的依据。通过本节的学习，学生应明确质量记录的重要性，养成好的检验习惯。培养质量意识。

4.5.3 活动安排

了解相关质量记录文件，见表4－1。

表4－1 某公司质量记录清单

序号	质量记录名称	质量记录代号	保存期	部门
1	文件发放申请表	QP4.2.3－B1	三年	相关部门
2	文件发放、回收记录	QP4.2.3－B2	三年	相关部门
3	文件借阅、复制记录	QP4.2.3－B3	三年	相关部门
4	受控文件清单	QP4.2.3－B4	三年	相关部门
5	文件更改申请单	QP4.2.3－B5	三年	相关部门
6	文件销毁申请单	QP4.2.3－B6	三年	相关部门
7	文件更改记录	QP4.2.3－B7	三年	相关部门
8	质量记录清单	QP4.2.4－B1	三年	相关部门
9	质量目标统计表	QP5.4－B1	三年	企管部
10	质量目标考核表	QP5.4－B2	三年	相关部门
11	管理评审计划表	QP5.6－B1	三年	企管部
12	管理评审通知单	QP5.6－B2	三年	相关部门
13	管理评审记录	QP5.6－B3	三年	企管部
14	管理评审报告	QP5.6－B4	三年	企管部
15	整改措施报告表	QP5.6－B5	三年	企管部
16	部门培训申请表	QP6.2－B1	三年	企管部
17	年度培训计划	QP6.2－B2	三年	企管部
18	外培申请表	QP6.2－B3	三年	企管部
19	签到表	QP6.2－B4	三年	相关部门
20	培训记录	QP6.2－B5	三年	企管部
21	员工培训有效评价表	QP6.2－B6	三年	企管部
22	员工培训档案卡	QP6.2－B7	三年	企管部
23	会议签到簿	QP6.2－B8	三年	企管部
24	设施配置申请单	QP6.3－B1	长期	企管部
25	设施验收单	QP6.3－B2	长期	企管部

续表

序号	质量记录名称	质量记录代号	保存期	部门
26	设施管理卡	QP6.3－B3	长期	企管部
27	办公设施一览表	QP6.3－B4	长期	企管部
28	设施日常保养项目表	QP6.3－B5	三年	企管部
29	设施检修计划	QP6.3－B6	三年	企管部
30	设施检修单	QP6.3－B7	三年	企管部
31	设施报废单	QP6.3－B8	长期	企管部
32	质量计划	QP7.1－B1	三年	业务部门
33	业务联系单	QP7.2－B1	三年	市场部
34	合同评审表	QP7.2－B2	三年	市场部
35	询价单	QP7.2－B3	三年	业务部门
36	报价单	QP7.2－B4	三年	业务部门
37	合同修订记录/通知单	QP7.2－B5	三年	市场部
38	合同登记表	QP7.2－B6	三年	市场部
39	顾客名录	QP7.2－B7	三年	市场部
40	顾客登记表	QP7.2－B8	三年	市场部
41	物资文件登记表	QP7.2－B9	三年	船务部
42	物资交付顾客登记表	QP7.2－B10	三年	船务部
43	供方调查表（厂家）	QP7.4－B1	三年	业务部门
44	供方调查表（商家）	QP7.4－B2	三年	业务部门
45	供方评定记录表	QP7.4－B3	三年	业务部门
46	合格供方名录	QP7.4－B4	三年	业务部门
47	供方业绩评定表	QP7.4－B5	三年	业务部门
48	质量信息通知单	QP7.4－B6	三年	业务部门
49	办公用申购单	QP7.4－B7	三年	相关部门
50	采购物资分类明细表	QP7.4－B9	三年	业务部门
51	供方供货记录	QP7.4－B10	三年	业务部门
52	顾客财产登记表	QP7.5－B1	三年	业务部门
53	顾客财产问题反馈表	QP7.5－B2	三年	业务部门
54	顾客投诉登记表	QP8.2.1－B1	三年	业务部门
55	顾客满意程度调查表	QP8.2.1－B2	三年	业务部门
56	顾客信息反馈表	QP8.2.1－B3	三年	业务部门
57	顾客满意程度调查统计表	QP8.2.1－B4	三年	业务部门
58	顾客满意程度调查分析表	QP8.2.1－B5	三年	业务部门
59	年度内审计划	QP8.2.2－B1	三年	企管部
60	审核实施计划	QP8.2.2－B2	三年	企管部

续表

序号	质量记录名称	质量记录代号	保存期	部门
61	内审检查表	QP8. 2. 2 – B3	三年	企管部
62	不符合报告	QP8. 2. 2 – B4	三年	企管部
63	内部质量管理体系审核报告	QP8. 2. 2 – B5	三年	企管部
64	不合格项分布表	QP8. 2. 2 – B6	三年	企管部
65	物资验收记录	QP8. 2. 3 – B1	三年	业务部门
66	服务质量检查表	QP8. 2. 4 – B1	三年	相关部门
67	不合格品报告	QP8. 3 – B1	三年	业务部门
68	信息联络处理单	QP8. 4 – B1	三年	业务部门
69	统计技术应用检查表	QP8. 4 – B2	三年	业务部门
70	改进计划	QP8. 5 – B1	三年	企管部
71	纠正和预防措施表	QP8. 5 – B2	三年	企管部
72	改进、纠正和预防措施实施情况一览表	QP8. 5 – B3	三年	企管部

4.6 项目验收

(1) 过程检验中在不同的阶段如来料、生产、出货等的责任担当是如何处理的?

(2) 过程检验中在不同的阶段如来料、生产、出货等出现品质异常时如何处理?

(3) 请考察身边某试验的检验数据并形成质量周报。

项目评价

请反思在本项目进程中你的收获和疑惑，写出你的体会和评价。

项目总结与评价表

内容	你的收获		你的疑惑
获得知识			
掌握方法			
习得技能			
学习体会			
学习评价	自我评价		
	同学互评		
	老师寄语		

项目5

电子产品的可靠性验证

学习指南

本项目主要介绍电子产品的可靠性验证的定义、可靠性验证的意义、可靠性验证的主要项目以及验证的结果输出和应对等方面的内容，可以帮助学生对电子产品可靠性验证有更具体的认识及理解。本项目的重点内容是可靠性验证的项目中的各类试验的试验要求和目的。本项目的学习以理论学习为主，举例分析为辅。对学生的评价以学生对理论知识的理解及记忆程度为依据。

思维导图

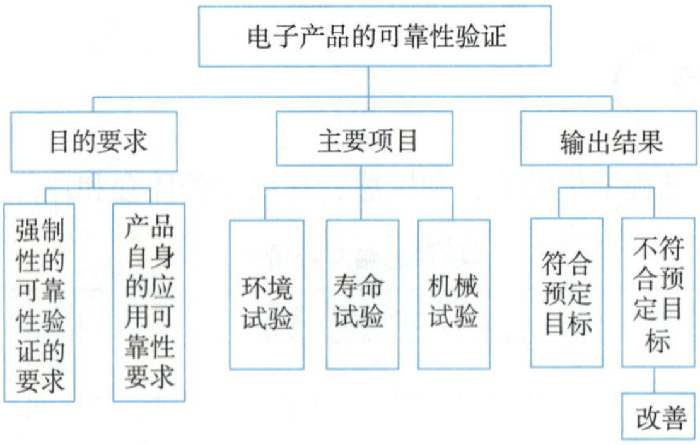

案例导入

某公司关于质检员职位招聘的笔试题目如下：(1) 请简述产品可靠性验证的目的和意义 (2) 电子产品的可靠性验证包括有哪些方面的试验？(3) 电子产品的可靠性验证试验的具体试验目的是什么？

案例分析

电子产品可靠性验证的一般思路：首先要明确电子产品可靠性验证的目的和要求以及可靠性验证的主要项目，根据具体的可靠性验证试验结果，做出判断，并对输出结果做出相应的应对措施。

5.1 可靠性验证项目的要求

学习目标

1. 知识目标

（1）熟悉电子产品可靠性的定义。

（2）熟悉电子产品可靠性验证项目要求。

2. 能力目标

能够正确说明电子产品可靠性验证的要求。

案例导入

某公司要求职员小刘编制产品可靠性验证要求文档，那么在这个过程中，职员小刘该如何写出这份文档？

案例分析

在这个过程中，职员小刘必须明白可靠性是什么及其目的要求，才能出一份可靠性的验证的文档。

5.1.1 必备知识

一、可靠性的定义

可靠性是指产品在规定的条件下，规定的时间内，完成规定功能的能力。

产品可靠性定义的要素是三个“规定”：“规定条件”“规定时间”和“规定功能”。

“规定条件”包括使用时的环境条件和工作条件；例如，同一型号的晶体管在不同电路中发挥不同电路功能时，其可靠性的表现就一样，要谈论产品的可靠性必须指明规定的条件是什么。

“规定时间”是指产品规定了的任务时间；随着产品任务时间的增加，产品出现故障的概率将增加，而产品的可靠性将是下降的；因此，谈论产品的可靠性离不开规定的任务时间。例如，一只刚出厂的发光二极管，比在电路中长时间工作的超过 50 小时的同一类型二极管，出故障的概率显然小了很多。

“规定功能”是指产品规定了的必须具备的功能及其技术指标。所要求产品功能的多少和技术指标的高低，直接影响到产品可靠性指标的高低。

提高可靠性的措施可以是：对元器件进行筛选；对元器件降额使用，使用容错法设计（使用冗余技术），使用故障诊断技术等。可靠性主要包括电路可靠性及元器件的选型有必要时用一定仪器检测。

二、可靠性验证项目的要求

1. 可靠性验证项目要求的提出主要依据两个方面的内容

（1）根据国家、地区或者行业内相关标准中提出的强制性的可靠性验证要求：比如，我国对针对于产品安全提出的3C认证。

（2）根据产品本身的使用条件或应用要求提出的可靠性验证要求。例如，手机工作时的发热温度测试、外壳材料的耐热度测试等。

2. 关于产品可靠性的研究

（1）可靠性管理。

它是指为确定和达到要求的产品可靠性特性所需的各项管理活动的总称。它是从系统的观点出发，通过制定和实施一项科学的计划，去组织、控制和监督可靠性活动的开展，以保证用最少的资源，实现用户所要求的产品可靠性。

产品从设计、制造到使用的全过程，实行科学的管理，对提高和保证产品的可靠性实验关系极大。可靠性管理是质量管理的一项重要内容。

（2）可靠性设计。

可靠性设计是系统总体工程设计的重要组成部分，是为了保证系统的可靠性而进行的一系列分析与设计技术。它是通过系统的电路设计与结构设计来实现的。可靠性设计的优劣对产品的固有可靠性产生重大的影响。

产品设计一旦完成，并按设计预定的要求制造出来后，其固有可靠性就确定了；所以，如果在设计阶段没有认真考虑产品的可靠性问题，造成产品结构设计不合理，电路设计不可行，材料、元器件选择不当，安全系数太低，检查维修不便等问题，在以后的各个阶段中，无论怎么认真制造，精心使用、加强管理也难以保证产品可靠性的要求。可靠性设计决定产品的“优生”，可靠性设计是可靠性工程的最重要的阶段。

（3）可靠性试验及分析。

通过相应的可靠性试验测定，获得可靠性试验的结果，根据结果找出缺陷，并研究导致缺陷的原因，提出整改措施。

（4）制造阶段的可靠性。

生产制造阶段所保证的是在产品设计中形成的产品潜在可靠性得以实现。

可靠性验证的要求为生产方从可靠性角度提出的研制目标，从而为可靠性设计，分析、制造、试验和验收的依据。

5.1.2 总结提升

本节主要介绍了可靠性验证的定义及其项目要求，通过本节的学习可以了解到可靠性为产品开发阶段的验收提供重要的依据。

5.1.3 活动安排

就现实生活中，列举几种常见电子产品的可靠性的验证要求。例如，分组讨论 PC（个人电脑）需要哪些可靠性的验证。

5.2 可靠性验证的主要项目

学习目标

1. 知识目标

(1) 熟悉可靠性验证的几个主要项目。

(2) 正确认识可靠性验证的主要项目的设计条件。

2. 能力目标

掌握可靠性验证的几个主要项目并进行可靠性验证。

案例导入

小刘是某公司的一名检验员，现来了一批产品，他将要负责此批产品的可靠性进行验证，那么他应从哪些方面进行可靠性验证。

案例分析

在这个过程中，小刘必须了解产品可靠性进行验证测试的主要项目，根据这些项目要求的条件做进一步的可靠性验证。

5.2.1 必备知识

电子产品的可靠性验证的几个主要项目有环境试验、寿命试验、机械试验、静电放电灵敏度试验、电磁兼容性试验几个方面，具体介绍如下：

一、环境试验

环境试验设备是在模拟各类环境气候，运输、搬运、振动等条件下，企业或机构为验证原材料、半成品、成品质量的一种方法。目的是通过使用各种环境试验设备做试验，来验证材料和产品是否达到在研发、设计、制造中预期的质量目标。广泛用于各大产品领域。

环境试验设备能按 IEC、MIL、ISO、GB、GJB 等各种标准或用户要求进行高温、低温、温度冲击（气态及液态）、浸渍、温度循环、低气压、高低温低气压、恒定湿热、交变湿热、高压蒸煮、砂尘、耐爆炸、盐雾腐蚀、气体腐蚀、霉菌、淋雨、太阳辐射、光老化等。

根据具体产品的试验场合，环境试验还可以分为以下三类：

（1）自然环境试验。是将产品特别是材料和构件长期直接暴露于某一自然环境中，以确定该自然环境对它的影响过程，通常在各种类型的自然暴露场合进行。

自然环境试验主要是获取气候环境因素对材料、工艺和构件等受自然环境各种因素长期综合作用产生的腐蚀、老化、长霉和降低电性能等，为产品设计中材料、工艺、元器（部）件选择提供基本数据。

（2）使用环境试验。是将产品安装于载体（平台）上，直接经受产品使用中遇到的自然（或诱发）的平台环境的作用，以确定其对平台环境的适应性，通常在现场进行。

使用环境试验主要用于产品样机研制过程和产品使用阶段，获取样机对真实使用环境适应性的信息，为改进设计或评价其环境适应性提供依据。

（3）实验室环境试验。则是将产品置于人工产生的气候、力学或电磁等环境中以确定这些环境对它的影响，通常在实验室内进行。

实验室环境试验分为激发试验和模拟试验。激发试验主要用于研制过程中，发现产品环境适应性设计方面的缺陷，以改进设计，通过反复进行这一过程可提高产品的环境适应性；模拟试验主要用于验证或评价产品的环境适应性水平或是否达到规定的要求，作为设计定型、产品验收和采购决策的依据。因此环境试验是提高、验证和评价产品环境适应性的重要手段。

二、寿命试验

1. 试验目的

考核产品在规定的条件下，在全过程工作时间内的质量和可靠性。为了使试验结果有较好代表性，参试的样品要有足够的数量。如按 GJB54813—2005《微电子器件试验方法和程序》的《鉴定和质量一致性检验程序》，采用批容许不合格百分率 LTPD 等于 5 的抽样方案。

2. 试验条件

微电路的寿命试验分稳态寿命试验、间歇寿命试验和模拟寿命试验。稳态寿命试验是微电路必须进行的试验，试验时要求被试样品要施加适当的电源，使其处于正常的工作状态。国家军用标准的稳态寿命试验环境温度为 125 ℃，时间为 1 000 h，加速试验可以提高温度，缩短时间。功率型微电路管壳的温度一般大于环境温度，试验时保持环境温度可以低于 125 ℃，微电路稳态寿命试验的环境温度或管壳的温度要以微电路结温等于额定结温为基点（一般在175～200 ℃之间）进行调整。

三、机械试验

1. 加速试验

加速试验是一种在给定的试验时间内获得比在正常条件下（可能获得的信息）更多的信息的方法。它是通过采用比设备在正常使用中所经受的环境更为严酷的试验环境来实现这一点的。由于使用更高的应力，在进行加速试验时必须注意不能引入在正常使用中不会发生的故障模式。在加速试验中要单独或者综合使用加速因子，主要包括：更高频率的功率循环，更高的振动水平，高湿度，更严酷的温度循环，更高的温度。

加速试验主要分为两类，每一类都有明确的目的：

（1）加速寿命试验——估计寿命；使用与可靠性（或者寿命）有关的模型，通过比正常使用时所预期的更高的应力条件下的试验来度量可靠性（或寿命），以确定寿命多长。

（2）加速应力试验——确定（或证实）和纠正薄弱环节；施加加速环境应力使潜在的缺陷或者设计的薄弱环节发展为实际的失效，确认可能导致使用中失效的设计、分配或者制造过程问题。

2. 机械冲击试验

（1）试验目的。

考核微电路承受机械冲击的能力。即考核微电路承受突然受力的能力。在装卸、运输、现场工作过程中会使微电路突然受力。如跌落、碰撞时微电路会受到突发的机械应力。这些应力可能引起微电路的芯片脱落、内引线开路、管壳变形、漏气等失效。

（2）试验条件。

试验时微电路的壳体应刚性固定在试验台基上，外引线要施加保护、对微电路的芯片脱出方向、压紧方向和该方向垂直的方向各施加五次半正弦波的机械冲击脉冲。冲击脉冲的峰值加速取值范围一般为4 900～29 400 m/s^2（500～3 000 g）脉冲持续时间为0.1～1 ms，允许失真不大于峰值加速度的20%。

3. 机械振动试验

振动试验是指评定产品在预期的使用环境中抗振能力而对受振动的实物或模型进行的试验，仿真产品在运输、安装及使用环境中所遭遇到的各种振动环境影响，用来确定产品是否能承受各种环境振动的能力。振动试验是评定元器件、零部件及整机在预期的运输及使用环境中的抵抗能力。

根据施加的振动载荷的类型把振动试验分为正弦振动试验和随机振动试验两种。正弦振动试验包括定额振动试验和扫描正弦振动试验。扫描振动试验要求振动频率按一定规律变化，如线性变化或指数规律变化。

振动试验设备分为加载设备和控制设备两部分。加载设备有机械式振动台、电磁式振动台和电液式振动台。电磁式振动台是目前使用最广泛的一种加载设备。振动控制试验用来产生振动信号和控制振动量级的大小。振动控制设备应具备正弦振动控制功能和随机振动控制功能。振动试验主要是环境模拟，试验参数为频率范围、振动幅值和试验持续时间。振动对产品的影响有：结构损坏，如结构变形、产品裂纹或断裂；产品功能失效或性能超差，如接触不良、继电器误动作等，这种破坏不属于永久性破坏，因为一旦振动减小或停止，工作就能恢复正常；工艺性破坏，如螺钉或连接件松动、脱焊。从振动试验技术发展趋势看，将采用多点控制技术、多台联合激动技术。

4. 键合强度试验

（1）试验目的。

检验微电路封装内部的内引线与芯片和内引线和封装体内外端键合强度，分为破坏性键合强度和非破坏性键合强度试验，键合强度差的微电路会引起内引线开路失效。

（2）试验条件。

试验要求在键合线中部对键合线施加垂直于微电路方向的力；同时施加给指向芯片反方向的力，施力要从零开始缓慢增加，避免冲击力。若设定一个力，当施力增加到设定值时停止施力。且此力应不大于最小的键合力规定值的80%。则试验称为非破坏性键合强度试验。若试验时施力增加到键合断裂时停止，称为破坏性键合强度试验。键合强度试验的目的是对微电路键合性能做批量性的评价，所以要有足够多的试验样品。非破坏性键合强度试验有时作为筛选试验项目。

5. 芯片附着强度试验

（1）试验目的。

考核芯片与管壳或基片结合的机械强度。芯片附着强度试验有两个，即芯片与基片/底座附着强度试验和剪切力试验，前者是考核芯片承受垂直芯片脱落基片/底座方向受力的能力，后者是考核芯片承受平行芯片承受平行芯片与基片/底座结合芯片方向的受力能力。

（2）试验条件。

试验要求严格控制施加力的方向，且避免冲击力。该实验的施加力与芯片面积成正比，且与脱落后界面附着痕迹面积与芯片面积的比值有关，附着痕迹面积小，意味着结合性能差，施加的力要加严。

6. 与外引线有关的试验

该实验目的是考核微电路外引线的质量，主要试验有外引线可焊性试验着力试验，引线牢固性试验及针栅阵列式封装破坏性引线拉力试验。外引线可焊性试验是考核外引线接受低熔点焊接能力。

7. 粒子碰撞噪声检测试验

粒子碰撞噪声检测试验的目的是检测微电路空腔封装腔体内是否存在可动多余物。可动导电多余物能导致微电路内部失效。试验原理是通过对有内腔的密封器件施加适当的机械冲击应力，使黏附在密封器件腔体内的多余物成为可动多余物，再同时施加一定的振动应力，使可动多余物产生位移和振动，让它与腔体内壁相撞击产生噪声，再通过换能器来检测产生的噪声，判断腔体内有无多余物存在。

8. 静电放电敏感度试验

静电放电敏感度试验可以给出微电路承受静电放电的能力。它是破坏性试验。试验方法是模拟人体、设备或器件放电的电流波形，按规定的组合及顺序对微电路的各引出端放电。寻找出电路产生损伤的阀值静电放电电压．以微电路敏感电参数的变化量超过规定值的最小静电放电电压，作为微电路抗静电放电的能力的表征值。

9. 电磁兼容测试

形成电磁干扰必须具备三个基本要素：电磁骚扰源、耦合途径或传播通道、敏感设备，因此，要实现产品的电磁兼容必须从三个方面入手：抑制/消除电磁骚扰源、切断电磁骚扰耦合途径、提高电磁敏感设备的抗干扰能力。

电磁兼容标准要求的主要检测项目包括：电源端子干扰电压、其他端子干扰电压或干扰电流、辐射干扰场强及干扰功率、静电放电抗扰度、射频电磁场抗扰度、电快速瞬变脉冲群抗扰度、冲击抗扰度、由射频场感应的传导干扰抗扰度、磁场抗扰度、电源电压跌落或瞬时中断或电压变化抗扰度、谐波电流发射、电压闪烁和波动等。

5.2.2 总结提升

本节主要讲述了电子产品的可靠性验证的几个主要项目，通过本节的学习应该掌握可靠性验证的测试目的及条件。

5.2.3 活动安排

以 PC 机为例，让同学分组讨论并设计可靠性验证的试验。提出可行性及不可行性的因素。

5.3 输出可靠性验证的结果

学习目标

1. 知识目标

（1）了解可靠性验证的意义。

（2）正确认识可靠性验证不同的阶段针对不同的验证结果应采取不同的改善或纠正措施。

2. 能力目标

掌握可靠性验证不同的阶段针对不同的验证结果应采取不同的改善或纠正措施。

案例导入

小刘去某电子器件公司应聘 IPQC（制程控制）工程职位，在应聘过程中小刘应该运用什么知识来应对招聘人员的提问呢？

案例分析

针对这个职位，小刘必须了解可靠性验证的意义及可靠性验证的结果分析。

5.3.1 必备知识

一、可靠性验证的意义

1. 提高产品可靠性才能满足现代技术和生产的需要

提高产品可靠性，可以防止故障和事故的发生，尤其是避免灾难性事故的发生。

现代生产技术的发展特点之一是自动化水平不断提高。一条自动化生产线是由许多零部件组成，生产线上一台设备出了故障，则会导致整条线停产，这就要求组成线上的产品要有高可靠性，现代生产技术发展的另一特点设备结构复杂化，组成设备的零件多，其中一个零件发生故障会导致整机失效。例如，1986 年美国“挑战者”号航天飞机就是因为火箭助推器内橡胶密封圈因温度低而失效，导致航天飞机爆炸和七名宇航员遇难及重大经济损失。

2. 提高产品可靠性可获得高的经济效益

提高产品的可靠性，降低产品总成本，可获得很高的经济效益。例如，美国西屋公司为提高某产品的可靠性，曾作了一次全面审查，结果是所得经济效益是为提高可靠性所花费用的 100 倍。另外，产品的可靠性水平提高了还可大大减少设备的维修费用。

3. 提高产品可靠性，才可能提高产品竞争能力

只有产品可靠性提高了，才能提高产品的信誉，增强日益激烈的市场竞争能力，扩大市场份额，从而提高了经济效益。

二、可靠性验证的结果输出

可靠性验证结果只有两个：一个是符合预定目标；另一个是不符合预定目标。在不同的阶段针对不同的验证结果应采取不同的改善或纠正措施。

（1）在产品设计阶段出现可靠性不符合预定目标时，可以参考从以下几个方面去考虑产品缺陷的原因：材料选择的合理性，结构设计的合理性，工艺设计的合理性，生产条件的合理性。

（2）在产品生产阶段出现可靠性不符合预定目标时，可参照以下几个方面去考虑产品缺陷原因，并制定相应的整改措施：

①人。产品生产过程一般由产业工人来完成，而产业工人应经过足够的培训才能

胜任相应的工作岗位，特别是特殊、关键岗位必须持证上岗，这样可以有效的保证产品的合格从而保证产品的可靠性目标。

②机。产品生产过程一般需要经过适宜的生产设备，因此应确保生产设备处于良好的工况，如机器设备处于非正常工况，即无法生产出合格的产品，从而也无法保证产品的可靠性目标。

③料。材料作为产品组成的重要元素，其品质状况是否符合设计要求将直接影响到产品的质量，从而影响产品的可靠性目标。

④法。规范的工艺流程及工艺技术才能生产出稳定的合格的产品。

⑤环。电子类产品对生产环境中的温度、湿度等要求非常高，在生产过程中必须保证适宜的生产条件。

(3) 在产品使用阶段出现可靠性不符合预定目标时，可参照以下几个方面去考虑产品缺陷原因，并制定相应的整改措施。

①人。确认产品的操作或使用者是否掌握了对应产品的操作或使用规程，即通常所说的掌握了产品的使用说明书。

②环。确认产品的使用环境是否满足产品对应的规格书要求，如符合商业级要求的产品使用到工业级环境下，产品的可靠性自然无法达到预期目标。

③法。确认产品的使用方法是否符合产品使用说明书的要求，如冬天汽车发动机应先预热后才能行驶，未经预热而直接行驶对汽车发动机会造成比较大的“伤害”，这是一种不合理的汽车使用方法。

5.3.1 总结提升

本节主要讲述了电子产品的可靠性验证的意义及输出可靠性的验证结果，通过本节的学习应该了解电子产品可靠性验证的意义及产品在不同阶段可靠性验证结果的规范及操作说明。

5.3.2 活动安排

以某电子产品为例，拿出说明书让同学分组讨论该产品的操作方法及使用注意事项。

5.4 项目验收

(1) 简述电子产品的可靠性验证的意义。

(2) 列举电子产品的可靠性验证的主要项目及要求。

(3) 以某电子产品为例写出可靠性验证的结果。

项目评价

请反思在本项目进程中你的收获和疑惑，写出你的体会和评价。

项目总结与评价表

<table>
<tr><th>内容</th><th colspan="2">你的收获</th><th>你的疑惑</th></tr>
<tr><td>获得知识</td><td colspan="2"></td><td></td></tr>
<tr><td>掌握方法</td><td colspan="2"></td><td></td></tr>
<tr><td>习得技能</td><td colspan="2"></td><td></td></tr>
<tr><td colspan="4">学习体会</td></tr>
<tr><td rowspan="3">学习评价</td><td>自我评价</td><td colspan="2"></td></tr>
<tr><td>同学互评</td><td colspan="2"></td></tr>
<tr><td>老师寄语</td><td colspan="2"></td></tr>
</table>

项目6

电子产品性能测试及检验仪器

学习指南

本项目是本课程的重点内容之一，通过学习本项目使学生了解电子产品性能测试的基本项目以及所用仪器设备。主要掌握电子产品几何性能测试的意义以及所用的仪器设备和用法；掌握电子产品物理性能测试的意义以及所用的仪器设备和仪器设备的用法；掌握功能性测试的意义和所用的仪器设备。通过本项目学习使学生具备电子产品性能测试的能力。本项目的重点内容是电子产品几何性能测试、物理性能测试以及功能性测试的意义及测试方法，难点是各种测试仪器设备的用法。本项目是电子产品检验的末端环节，是检验生产出来的电子产品是否合格的重要环节。本项目的学习采取理论讲解和实践操作相结合的方式。对学生的评价以学生对电子产品的实际检验结果作为主要的依据。

思维导图

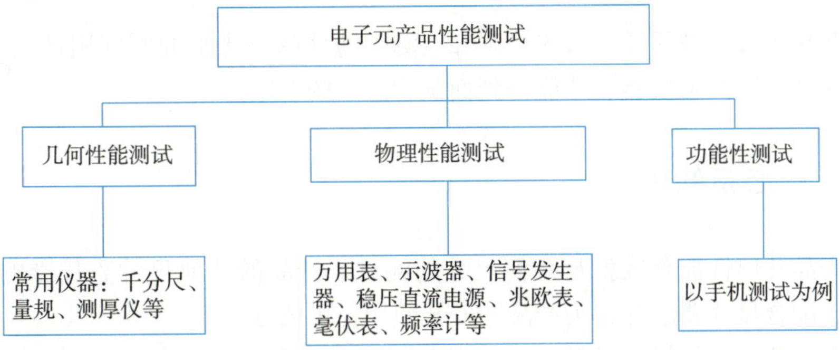

案例导入

小赵应聘到某公司当电子元器件检验员（即进货质量控制职位，IQC）才一周，公司就分配他到收音机生产线的末端来检测生产出来的收音机的性能，他如何才能完成该岗位的检验工作？如何去判定这些产品是否合格？

案例分析

通过前面的有关电子产品检验知识的学习，大家应该对电子产品检验的相关知识有了一定的了解和认识，并能进行相应的检验操作。作为一名测量电子产品性能的检验员，要想能胜任自己的工作岗位，首先必须具备检测的相关知识，例如，对于生产出来的电子产品进行性能测试应从哪些方面进行测试？采用什么样的测试仪器等。其次要能正确使用测试仪器。最后是要能根据检验结果对产品做出合理的归类。

6.1 几何性能的测试及仪器

学习目标

1. 知识目标

（1）了解几何性能测试的基本常识。

（2）了解常用的几何性能测试的常用仪器。

（3）掌握常用几何性能测试常用仪器的使用方法。

2. 能力目标

会正确使用各种几何性能测试仪器。

案例导入

小王在应聘某公司的IQC职位面试的过程中，面试官让他测量一下一张纸的厚度，他该如何测量？

案例分析

小王要想正确完成任务，首先必须知道测量薄薄的一张纸的厚度用什么测量仪器，然后会正确使用该测量仪器，才能得到面试官想要的答案。

6.1.1 必备知识

电子产品几何性能测试就是几何尺寸的测试，产品的几何尺寸直接影响到产品的安装空间、配合尺寸要求等，为产品的安装使用提供依据。

电子产品几何性能指标就是产品的外形尺寸，这是电子产品的一类重要指标，特别是涉及用户安装使用的产品或部件，其外形尺寸直接决定了用户的安装位置和安装空间的要求。

几何性能测试常用的测量仪器主要有千分尺、图层测厚仪、量规等。

一、千分尺

外径千分尺简称为千分尺，又叫螺旋测微器，是一种精密量具，测量长度可精确到0.01 mm。主要由固定的尺架、测钻、测微螺杆、固定套管、微分筒、测力装置、锁紧装置等组成。常见的千分尺如图6－1所示。

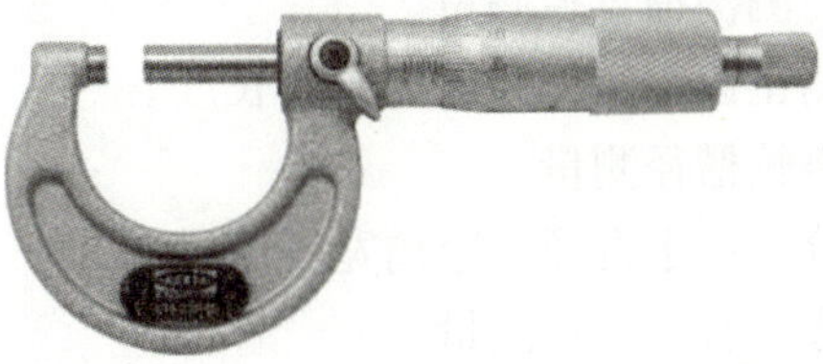

图6－1　千分尺

1. 千分尺的分类

千分尺分为机械式千分尺和电子式千分尺两大类。

机械式千分尺，如标准外径千分尺，是利用精密螺纹副原理测长的手携式通用长度测量工具。1848年，法国的J·L·帕尔默取得外径千分尺的专利。1869年，美国的J·R·布朗和L·夏普等将外径千分尺制成商品，用于测量金属线外径和板材厚度。千分尺的品种很多，改变千分尺测量面形状和尺架等就可以制成不同用途的千分尺，用于测量内径、螺纹中径、齿轮公法线或深度等的千分尺。

电子千分尺，如数显外径千分尺。测量系统中应用了光栅测长技术和集成电路等。电子千分尺是20世纪70年代中期出现的，用于外径测量。

常用的千分尺及其用途如下：

（1）游标读数外径千分尺：用于普通的外径测量。

（2）小头外径千分尺：适用于测量钟表等精密零件。

（3）尖头外径千分尺：它的结构特点是两测量面为45°椎体形的尖头。适用于测量小沟槽，如钻头、直立铣刀、偶数槽丝锥的沟槽直径及钟表齿轮齿根圆直径尺寸等。

（4）壁厚千分尺：特点是有球形测量面和平测量面及特殊形状的尺架，适用与测量管材壁厚。

（5）板厚千分尺：是指具有球形测量面和平测量面及特殊形状的尺架，适用于测量板材厚度等。

（6）带测微表头千分尺：它的结构特点是由测微头代替普通外径千分尺的固定测砧。用它对同一尺寸的工件进行分选检查很方便，而且示值比较稳定。测量范围有0～25 mm、25～50 mm、50～75 mm和75～100 mm四种。它主要用于尺寸螺旋测微器比较测量。

（7）大平面侧头千分尺：其测量面直径比较大（12.5 mm），并可以更换，故测量面与被测工件间的压强较小。适用于测量弹性材料或软金属制件，如金属箔片、橡胶和纸张等的厚度尺寸。

(8) 大尺寸千分尺：其特点是可更换测砧或可调整测杠，这对减少千分尺数量、扩大千分尺的使用范围是有好处的。

(9) 翻字式读数外径千分尺：在微分筒上开有小窗口，显示 0.1 mm 读数。

(10) 电子数字显示式外径千分尺：是指利用电子测量、数字显示及螺旋副原理对尺架上两测量面间分隔的距离进行读数的外径千分尺。

(11) 薄片式千分尺：测沟槽直径测量。

(12) 盘式千分尺：测正齿和斜齿齿轮的跨齿长度。

(13) 花键千分尺：齿轮槽径测量。

(14) 卡尺型内径千分尺：小直径、窄槽宽度测量。

(15) 螺纹千分尺：螺纹有效直径测量。

2. 千分尺的结构

如图 6-2 所示，图上 A 为测杆，它的活动部分加工成螺距为 0.5 mm 的螺杆，当它在固定套管 B 的螺套中转动一周时，螺杆将前进或后退 0.5 mm，螺套周边有 50 个分格。大于 0.5 mm 的部分由主尺上直接读出，不足 0.5 mm 的部分由活动套管周边的刻线去测量。螺旋测微器的尾端有一装置 D，拧动 D 可使测杆移动，当测杆和被测物相接后的压力达到某一数值时，棘轮将滑动并有"咔咔"的响声，活动套管不再转动，测杆也停止前进，这时就可以读数了。不夹被测物而使测杆和小砧 E 相接时，活动套管上的零线应当刚好和固定套管上的横线对齐。实际操作过程中，由于使用不当，初始状态多少和上述要求不符，即有一个不等于零的读数。所以，在测量时要先看有无零误差，如果有，则须在最后的读数上去掉零误差的数值。

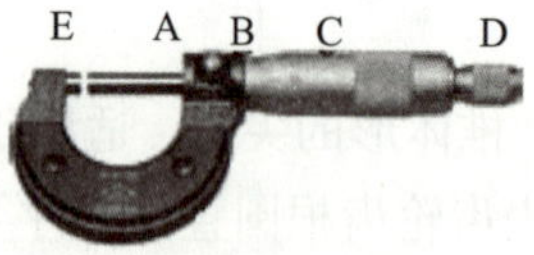

图 6-2　千分尺的组成结构

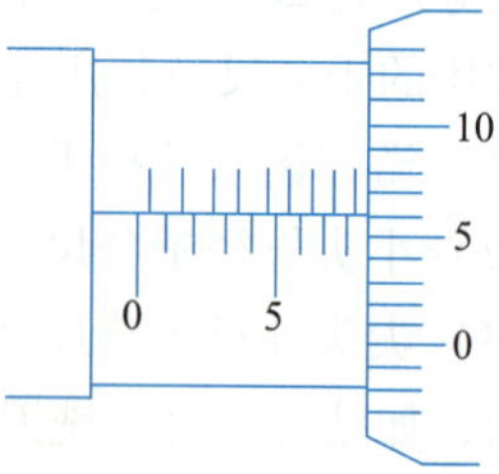

图 6-3　千分尺的读数

3. 测量原理

千分尺即螺旋测微器是依据螺旋放大的原理制成的，即螺杆在螺母中旋转一周，螺杆便沿着旋转轴线方向前进或后退一个螺距的距离。因此，沿轴线方向移动的微小距离，就能用圆周上的读数表示出来。螺旋测微器的精密螺纹的螺距是 0.5 mm，可动刻度有 50 个等分刻度，可动刻度旋转一周，测微螺杆可前进或后退 0.5 mm，因此旋转每个小分度，相当于测微螺杆前进或推后 0.5/50 = 0.01 mm。可见，可动刻度每一小分度表示 0.01 mm，所以螺旋测微器可准确到 0.01 mm。由于还能再估读一位，可读到毫米的千分位。

用螺旋测微器测量长度时，读数也分为两步：(1) 从活动套管的前沿在固定套管的位置，读出主尺数（注意0.5 mm的短线是否露出）。(2) 从固定套管上的横线所对活动套管上的分格数，读出不到一圈的小数，二者相加就是测量值。则上图的读数应为8.561 mm，如图6-3所示。

4. 注意事项

(1) 测量时，注意要在测微螺杆快靠近被测物体时应停止使用旋钮，而改用微调旋钮，避免产生过大的压力，既可使测量结果精确，又能保护螺旋测微器。

(2) 在读数时，要注意固定刻度尺上表示半毫米的刻线是否已经露出。

(3) 读数时，千分位有一位估读数字，不能随便扔掉，即使固定刻度的零点正好与可动刻度的某一刻度线对齐，千分位上也应读取为“0”。

(4) 当小砧和测微螺杆并拢时，可动刻度的零点与固定刻度的零点不相重合，将出现零误差，应加以修正，即在最后测长度的读数上去掉零误差的数值。

5. 正确保养

(1) 检查零位线是否准确。

(2) 测量时需把工件被测量面擦干净。

(3) 工件较大时应放在V型铁或平板上测量。

(4) 测量前将测量杆和砧座擦干净。

(5) 拧活动套筒时需用棘轮装置。

(6) 不要拧松后盖，以免造成零位线改变。

(7) 不要在固定套筒和活动套筒间加入普通机油。

(8) 用后擦净上油，放入专用盒内，置于干燥处。

二、量规

1. 量规概述

量规是指工作部分外形与被测对象为对偶件，根据与被测件的配合间隙、透光程度或者能否通过被测件等来判断被测长度是否合格的长度测量工具，如图6-4所示。

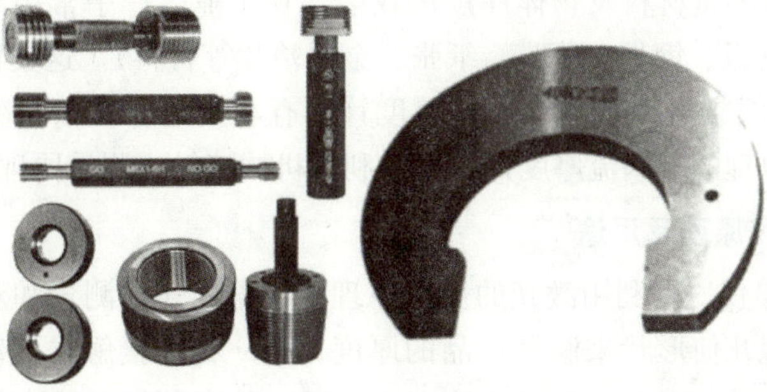

图6-4 量规

常用的量规有量块、角度量块、多面棱体、平尺、塞尺、正弦规、直尺、平板和极限量规等。量规一般是成对使用，分为通端和止端，用以控制最大极限尺寸和最小极限尺寸，因此也称为极限量规。检验圆柱孔用的量规又叫塞规。塞规的通端控制孔的最小极限尺寸（严格地说是控制作用尺寸），防止孔径过小，检验时应能通过，止端控制孔的最大极限尺寸，防止孔径过大，检验时不应通过。检查轴径的量规又叫卡规（或环环规）。卡规的通端控制轴的最大极限尺寸（严格地说是控制作用尺寸），防止轴径过大，检验时应能通过，止端控制轴的最小极限尺寸，防止轴径过小，检验时不应通过。光滑圆柱孔或轴的量规，其通端和止端在外形上的区别是：通端较长，止端较短。卡规的止端有明显的倒角以示区别。习惯上通端也称通规，止端也称止规。

2. 量规使用方法

用量规检验工件通常有通止法、着色法、光隙法和指示表法。

（1）通止法。利用量规的通端和止端来控制工件尺寸，使之不超出公差带。如孔径测量时，若光滑塞规的通端通过而止端不通过，则孔径是合格的。利用通止法检验的量规也称极限量规。常见的极限量规还有螺纹塞规、螺纹环规和卡规等。

（2）着色法。在量规工作表面上薄薄涂上一层适当的颜料，然后利用量规表面与被测表面研合。被测表面的着色面积大小和分布不均匀程度表示其误差。例如，用圆锥量规检验机床主轴锥孔和用平尺检验机床导轨直线度等。

（3）光隙法。是被测表面与量规的测量面接触，后面放光源或采用自然光。当间隙小到一定程度时，由于光学衍射现象使透光成为有色光，间隙至 0.5 微米时还能看到透光。根据透光的颜色可判断间隙大小。间隙大小和不均匀程度即表示被测尺寸、形状或位置误差的大小，例如，用直尺检验直线度，用角尺和平板检验垂直度等。

（4）指示表法。利用量规的准确几何形状与被测几何形状比较，以百分表或测微仪等指示被测几何形状误差。例如，用平板和百分表等测量尺形工件的直线度，用正弦规、平板和测微仪测量角度等。

三、测厚仪

1. 测厚仪概述

测厚仪是用来测量材料及物体厚度的仪表。在工业生产中常用来连续或抽样测量产品的厚度（如钢板、钢带、薄膜、纸张、金属箔片等材料）。这类仪表中有利用 α 射线、β 射线、γ 射线穿透特性的放射性厚度计；有利用超声波频率变化的超声波厚度计；有利用涡流原理的电涡流厚度计；还有利用机械接触式测量原理的测厚仪等。

2. 常用测厚仪原理及用途

（1）激光测厚仪。是利用激光的反射原理，根据光切法测量和观察机械制造中零件加工表面的微观几何形状来测量产品的厚度，是一种非接触式的动态测量仪器。它可直接输出数字信号与工业计算机相连接，并迅速处理数据并输出偏差值到各种工业设备。

（2）X 射线测厚仪。利用 X 射线穿透被测材料时，X 射线的强度的变化与材料的厚度相关的特性，从而测定材料的厚度，是一种非接触式的动态计量仪器。它以 PLC

和工业计算机为核心，采集计算数据并输出目标偏差值给轧机厚度控制系统，达到要求的轧制厚度。主要应用行业：有色金属的板带箔加工、冶金行业的板带加工。

（3）纸张测厚仪。适用于4 mm以下的各种薄膜、纸张、纸板以及其他片状材料厚度的测量。

（4）薄膜测厚仪。用于测定薄膜、薄片等材料的厚度，测量范围宽、测量精度高，具有数据输出、任意位置置零、公英制转换、自动断电等特点。

（5）超声波测厚仪。超声波测厚仪是根据超声波脉冲反射原理来进行厚度测量的，当探头发射的超声波脉冲通过被测物体到达材料分界面时，脉冲被反射回探头，通过精确测量超声波在材料中传播的时间来确定被测材料的厚度。凡能使超声波以一恒定速度在其内部传播的各种材料均可采用此原理测量。适合测量金属（如钢、铸铁、铝、铜等）、塑料、陶瓷、玻璃、玻璃纤维及其他任何超声波的良导体的厚度。

（6）涂层测厚仪。如图6－5所示的为各种测厚仪。涂层测厚仪采用电磁感应法测量涂层的厚度。位于部件表面的探头产生一个闭合的磁回路，随着探头与铁磁性材料间的距离的改变，该磁回路将不同程度的改变，引起磁阻及探头线圈电感的变化。利用这一原理可以精确地测量探头与铁磁性材料间的距离，即涂层厚度。

(a) 涂层测厚仪　(b) 纸张测厚仪　(c) 超声波测厚仪　(d) 薄膜测厚仪

图6－5　测厚仪

3. 测厚仪的使用时应遵守的规定

（1）基体金属厚度。检查基体金属厚度是否超过临界厚度，如果没有，可依据测厚仪说明书指引进行校正。

（2）边缘效应。不应在紧靠试件的突变处，如边缘、洞和内转角等处进行测量。

（3）曲率。不应在试件的弯曲表面上测量。

（4）读数次数。通常由于仪器的每次读数并不完全相同，因此必须在每一测量面积内取几个读数。覆盖层厚度的局部差异，也要求在任一给定的面积内进行多次测量，表面粗糙时更应该如此。

（5）表面清洁度。测量前，应清除表面上的任何附着物质，如尘土、油脂及腐蚀产物等，但不要除去任何覆盖层物质。

6.1.2　总结提升

本节主要讲述了电子产品几何性能测试的相关知识。通过本节内容的学习学生应该明确如何测量电子产品的几何性能，并能正确使用各种测量仪器。

6.1.3 活动安排

模拟面试情景：教师充当面试官，围绕本节的案例，让班里的每位学生充当应聘者，每人3分钟，让学生来加深对本节内容的充分理解。

6.2 物理性能测试及仪器

学习目标

知识目标

（1）了解电子产品物理性能测试的基本常识。

（2）了解常用的物理性能测试的常用仪器。

（3）掌握常用物理性能测试常用仪器的使用方法。

能力目标

会正确使用各种物理性能测试仪器。

案例导入

图6-6是几种典型的时域波形，用什么仪器可以产生这些波形？用什么仪器可以测量这些波形的周期、频率、幅值等参数？

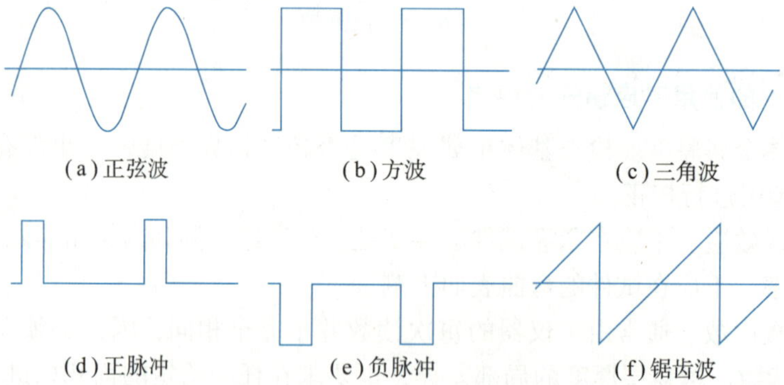

图6-6 几种典型的时域波形

案例分析

要想完成这一任务，必须熟悉常用的测量仪器的功能及用途。

6.2.1 必备知识

电子产品物理性能的测试重点在于确定产品的工作条件，从而确保产品的设计寿命和设计可靠性要求；电子产品的物理性能测试可以形成用户正确使用相应产品的工作指引和注意事项，从而保证产品的安全和使用者的安全；可依据物理性能测试情况决定产品正常运行所需的环境保证等。电子产品的主要物理性能指标主要包括电流、电压、功率等，因此，电子产品的物理性能测试主要用到的测试工具有：万用表、直流稳压电源、兆欧表、毫伏表、示波器、信号发生器、频率计等。

一、万用表

万用表又称为复用表、多用表、三用表、繁用表等，它是电力电子等部门不可缺少的测量仪表，一般以测量电压、电流和电阻为主要目的。万用表按显示方式分为指针万用表和数字万用表。是一种多功能、多量程的测量仪表，一般万用表可测量直流电流、直流电压、交流电流、交流电压、电阻和音频电平等，有的还可以测电容量、电感量及半导体的一些参数（如β）等。

1. 指针式万用表的使用方法

指针式万用表指针摆动直观，应用也很广泛，下面以500型万用表测量电流、电压和电阻的方法为例来说明指针式万用表的用法，如图6－7所示为500型万用表操作面板。

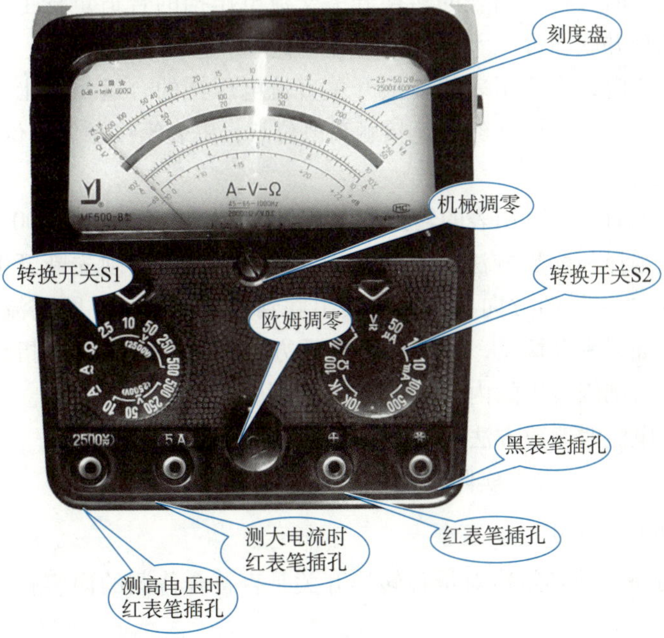

图6－7　500型万用表操作面板

指针式万用表在使用前首先要机械调零。表盘的下方有两个插孔，标有“＋”“＊”，使用时红表笔插入“＋”插孔，黑表笔插入“＊”插孔。

（1）测量电阻。

用万用表测量电阻时，将量程转换开关置于“Ω”挡。测量电阻之前，应将两个表笔短接，调节“欧姆（电气）调零旋钮”，使指针刚好指在欧姆刻度线右侧的零刻度。如果指针不能调到零位，说明电池电压不足或仪表内部有问题。并且每换一次倍率挡，都要进行一次欧姆调零，以保证测量准确性。测量电阻时，应该选择合适的倍率挡，万用表欧姆挡的刻度线是不均匀的，所以倍率挡的选择应使指针停留在刻度线较稀的部分为宜，且指针越接近刻度尺的中间，读数越准确。一般情况下，应使指针指在刻度尺的1/3～1/2之间为宜。最后，表头的读数乘以倍率，就是所测电阻的电阻值。

（2）测量电压。

测量电压时要将量程转换开关置于“V”挡。测量直流电压时，红表笔接触高电位点，黑表笔接触地电位点，如果接反表针向反方向冲击，表针会被打弯，损坏万用表。如果事先不知道两点电位的高低，可用一只表笔接触其中的某一点，用另一只表笔接触另外一点迅速离开，根据指针的偏转方向即可判断出电压的极性。量程选择很重要，如果用小量程去测量大电压，则会有烧表的危险；如果用大量程去测量小电压，那么指针偏转太小，造成读数误差或无法读数。量程的选择应尽量使指针偏转到满刻度的2/3左右。如果事先不清楚被测电压的大小时，应先选择最高量程挡，然后逐渐减小到合适的量程。

测量交流电压时，将万用表的转换开关交流电压挡的合适量程上，万用表两表笔和被测电路或负载并联即可。

测量直流电压时，将万用表的转换开关直流电压挡的合适量程上，万用表两表笔和被测电路或负载并联即可（红表笔接触高电位点，黑表笔接触低电位点）。

（3）测量电流。

测量直流电流时，将万用表的转换开关直流电流挡的50 μA～500 mA的合适量程上，电流的量程选择和读数方法与电压一样。测量电流时必须先断开电路，然后按照电流从“+”到“-”的方向，将万用表串联到被测电路中，即电流从红表笔流入，从黑表笔流出。如果表笔接反，表头指针会反方向偏转，容易撞弯指针。如果误将万用表与负载并联，则因表头的内阻很小，会造成短路烧毁仪表。

测量电压、电流时读数方法如下：

$$实际值=指示值\times量程/满偏$$

2. 指针式万用表使用注意事项

（1）每次测量之前必须核对量程转换开关是否符合待测的内容，切勿用电流、电阻挡测量电压。

（2）不用时应将量程开关置于最高电压挡。长期不用时，应将电池取出。

（3）测量高电压或大电流时，不能带电旋转量程开关，以防止触电产生火花，损伤或烧毁转换开关。另外，为保证人身安全，要考虑万用表的绝缘情况，并单手操作。

3. 数字万用表的使用

数字万用表又称为数字多用表（DMM）。与普通的模拟万用表相比，数字万用表的测量功能较多。它不但能测量直流电压、交流电压、交流电流、直流电流和电阻等参数，而且还能测量信号频率、电容器容量、电路的通断等。除以上测量功能外，还有自动校零、自动显示极性、过载指示、读数保持、显示被测量单位的符号等功能。下面以 DT－830 型数字万用表测电压、电流、电阻、二极管、三极管等为例来说明其用法。

图 6－8 所示为 DT－830 型数字万用表的面板。DT－830B 是三位半（$3\frac{1}{2}$）全数字万用表，DT－830 型数字万用表上有显示器、电源开关、h_{FE} 测量插孔、电容测量插孔、量程转换开关、四个输入插孔等。数字万用表面板上各个插孔、开关、旋钮都标有一些符号，搞清楚这些符号所代表的意义，是使用好数字万用表的前提。

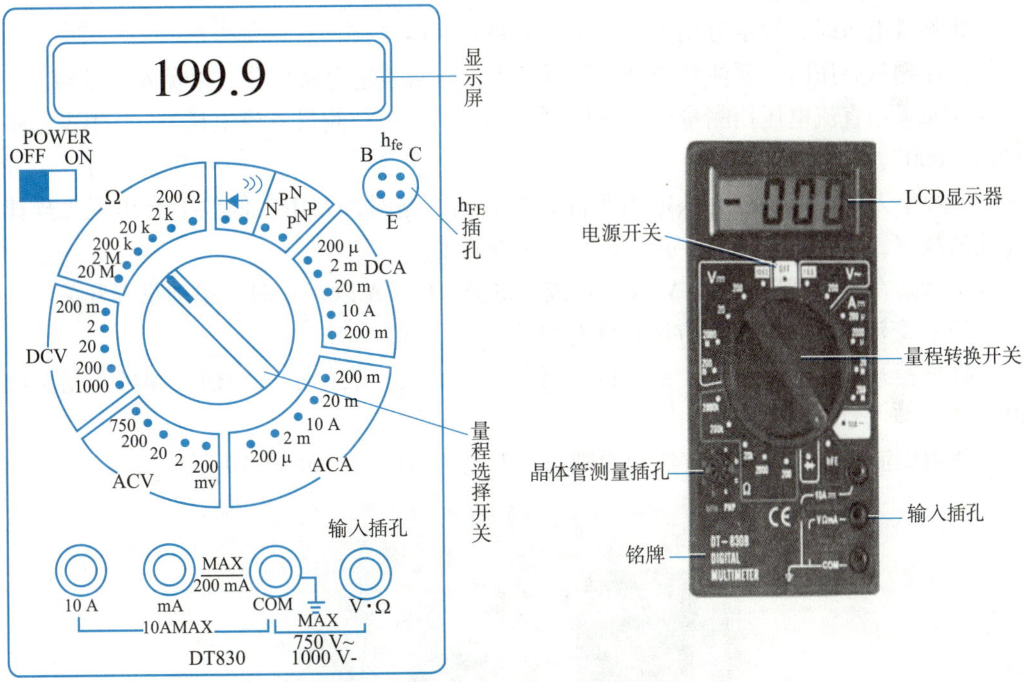

图 6－8　所示为 DT－830 型数字万用表的面板

（1）直流电压挡使用方法及注意事项。

将电源开关置于“ON”，红表笔插入“V/Ω”插孔内，黑表笔插入“COM”插孔，量程开关置于“DCV”范围内适当量程上即可测量直流电压了。DT830 型数字万用表直流电压分为 5 个量程，最大量程为 1000 V，直流电压挡内阻为 10 MΩ，如图 6－9 所示。

在使用直流电压挡时，应注意以下几点：

①在无法估计被测电压大小时，应先拨至最高量程，然后再根据情况选择合适的量程（在交流电压、直流电流、交流电流的测量中也应如此）。

②若万用表显示器仅在最高位显示“1”，其他各位均不显示，则表明已发生过载

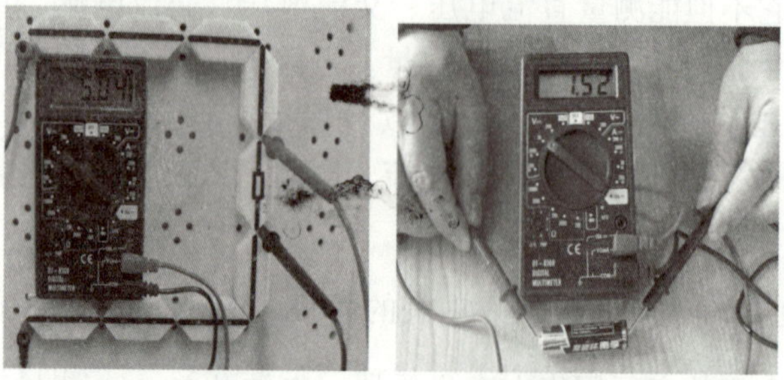

(a) 测量电阻两端电压　　(b) 测量电池两端电动势

图 6-9　直流电压的测量

现象，应选择更高量程。

③测量电压时，数字万用表应与被测电路并联连接。

④在测量高压时，要注意安全，不能用手去碰触表笔金属部分，以免发生危险。

⑤如果用直流电压挡测量交流电压（或用交流电压挡测量直流电压），万用表都将显示“000”。

⑥数字万用表电压挡输入电阻很高，当表笔开路时，万用表低位上会出现无规律变化的数字，此属正常现象，并不影响测量准确度。

⑦严禁在测量高压（100 V 以上）或大电流（0.5 A 以上）时，拨动量程开关。

（2）交流电压挡的使用方法及注意事项。

将量程开关置于“ACV”范围内合适的量程位置，表笔接法同前，即可测量交流电压。

使用交流电压挡的基本方法和原则与直流电压挡相同，如 6-10 所示。

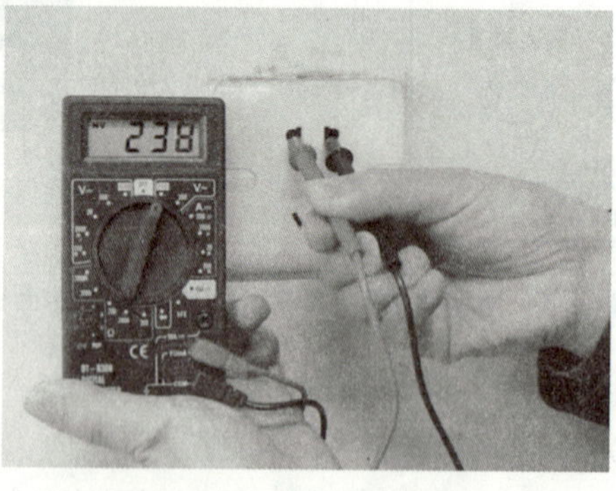

图 6-10　测量交流电压方法

测交流电压时应注意以下几点。

①如果测交流电压含有直流分量，二者电压之和不得超过交流电压挡最高输入电压（750 V）。

②测量交流电压时，应用黑表笔接被测电压的低电位端，这样可以消除万用表输入端对地分布电容的影响，减小测量误差。

③数字万用表频率特性较差，交流电压频率不得超出 45 ~ 500 Hz 的范围。

(3) 直流电流挡的使用方法及注意事项。

测量直流电流时，将量程开关置于“DCA”范围内合适的量程位置，红表笔插入“mA”插孔，黑表笔插入“COM”插孔，即可测量直流电流，如图 6 - 11 所示。

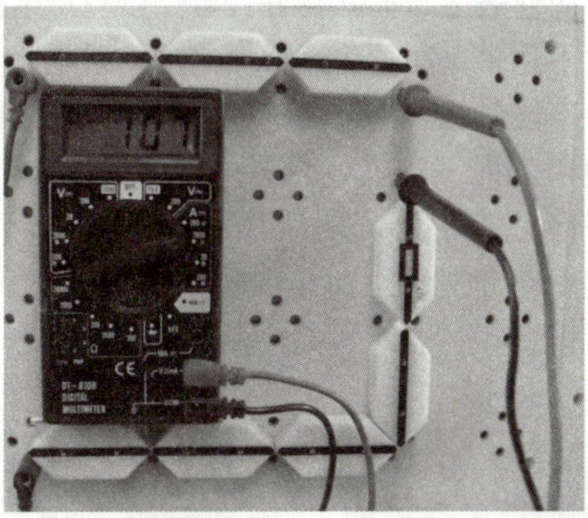

图 6 - 11　直流电流测量

测量直流电流时应注意以下几点。

①测量电流时，应把数字万用表串联在被测电路中。

②当被测电流源内阻很低时，应尽量选用较大量程，以提高测量准确度。

③当被测电流大于 200 mA 时，应将红表笔改插入“10 A”插孔内。测量大电流时，测量时间不得超过 15 s。

(4) 交流电流挡的使用方法及注意事项。

使用交流电流挡时，应将量程开关置于“ACA”挡上，表笔接法与直流电流挡相同。交流电流挡的使用与直流电流挡基本相同，在此不再重复。

(5) 电阻挡的使用方法。

如图 6 - 12 所示，使用电阻挡时，红表笔应接于“V/Ω”插孔，黑表笔接“COM”插孔，量程开关应置于电阻挡“Ω”范围内合适的量程位置。

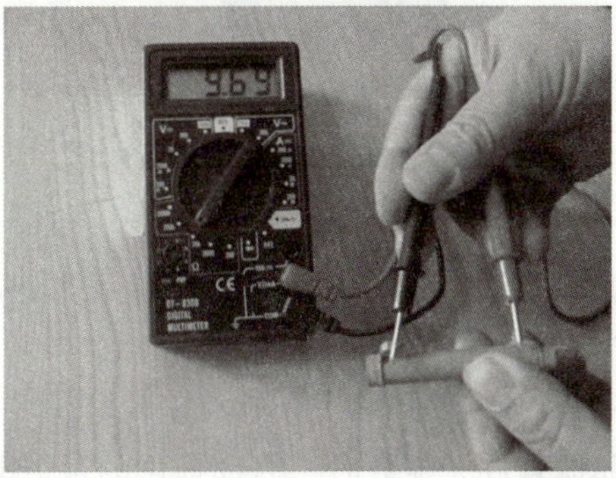

图 6 - 12　电阻测量

使用电阻挡时，应注意以下几点：

①在使用 200 k 挡时，显示的数值几秒钟才能稳定下来，数值稳定后方可读数。

②在使用 200 Ω 挡时，应先短路两支表笔，测出表笔引线电阻值（一般为 0.1 ~ 0.3 Ω），再去测量电阻，并应从测量结果中减去表笔引线的电阻值。

③在测量低电阻时，应使表笔与插孔良好接触，以免产生接触电阻。

④测量电阻时，绝对不能带电测量，这样测出的结果是无意义的。

⑤测量电阻时，两手不能碰触表笔金属部分，以免引入人体电阻。

⑥数字万用表置于电阻挡时，红表笔带正电，黑表笔带负电，在检测有极性的元件时，必须注意表笔的极性。

（6）二极管及三极管的测量方法及注意事项。

用数字万用表测量二极管和三极管的方法分别如图 6 - 13 和图 6 - 14 所示。

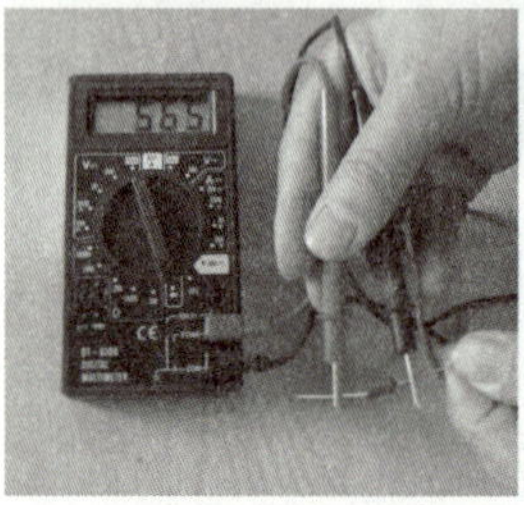

(a) 测量二极管的正向电阻

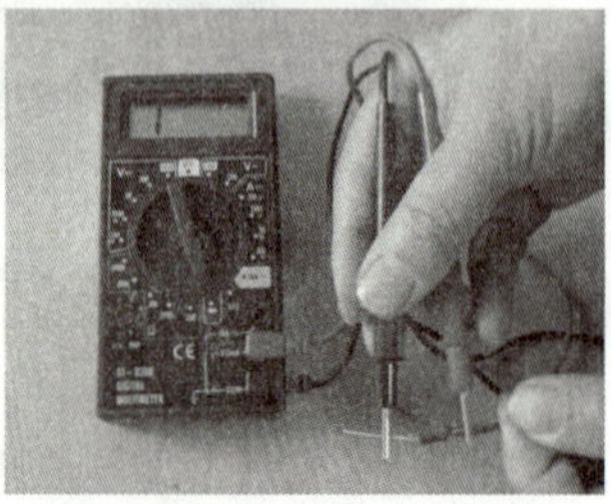

(b) 测量二极管的反向电阻

图 6 - 13　二极管的测量

图 6 - 14　三极管的测量

量程开关置于“h_{FE}”挡时，可测量晶体三极管共发射极连接时的电流放大系数。应根据被测晶体管的类型，将 c，b，e 三个电极插入“h_{FE}”插孔中 NPN 或 PNP 一侧相应的插孔中。使用“h_{FE}”挡时，应注意以下几点：

①管子的类型和三个电极均不能插错，否则毫无意义。

②“h_{FE}”插孔测量晶体管放大系数时，内部提供的基极电流仅有 10 μA，管子工作在小信号状态，这样测出来的放大系数与实用时的值相差较大，故测量结果只能作为参考。

③当管子穿透电流较大时，测得的结果会比用晶体管图示仪测出的典型值偏高，一般相差20%～30%。

二、兆欧表

兆欧表又称摇表或绝缘电阻测试仪，是一种简便、常用的测量高电阻的直读式仪表，是一种专门用来测量电路、变压器、电机、电缆和电气设备的绝缘电阻的便携式仪表。兆欧表分指针式兆欧表和数字式兆欧表。

1. 指针式兆欧表的使用方法及注意事项

（1）指针表的使用方法。

指针式兆欧表，如图6－15所示。

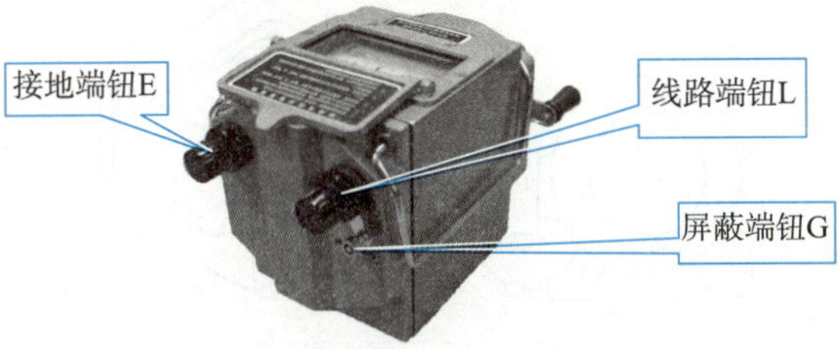

图6－15　指针式兆欧表

①兆欧表的选用，主要是选择兆欧表的电压及其测量范围。选择、使用兆欧表的原则是：电压高的电力设备，对绝缘电阻值要求大一些，因此，电压高的电力设备，必须使用电压高的兆欧表来测试。例如，瓷瓶的绝缘电阻总在10 000 MΩ以上，至少要用2 500 V以上的兆欧表才能测量。一些低电压的电力设备，它内部绝缘所能承受的电压不高，为了设备的安全，测量绝缘电阻时，就不能用电压太高的兆欧表，如果测量额定电压在500 V以下的设备或线路的绝缘电阻时，可选用0～200 MΩ（500 V或1 000 V）量程的表，而不能用5 000 V的兆欧表。测量高压设备或电缆时即额定电压在500 V以上的设备或线路的绝缘电阻时，应选用1 000～2 500 V兆欧表。对于检查何种电力设备应该用何种电压等级的兆欧表都有具体规定，可按规定来选用。

兆欧表测量范围的选用原则是不要使测量范围过多超出被测绝缘电阻的数值，以免读数时产生较大的误差。

在选用兆欧表时还要注意，有些兆欧表的标度尺不是从零开始，而是从1 MΩ或2 MΩ开始，这种兆欧表不适宜用于测定处在潮湿环境中的低压电气设备的绝缘电阻，因为在这种环境中，电气设备的绝缘电阻值较小，有可能小于1 MΩ，在仪表上得不到读数，容易误认为绝缘电阻值为零而得出错误的结论。

兆欧表有三个接线柱，其中两个较大的接线柱上分别标有“接地”（E）和“线路”（L），另一个较小的接线柱上标有“保护环”或（“屏蔽”）（G）。

②将仪器水平位置放置，把被测物接于L及E两端钮上，以120 r/min的速度摇动发电机的手柄，即可以从标度盘上读出被测物的绝缘电阻值。

③试验线路绝缘时，L 端钮接线路，E 端钮接地。

④试验两线间绝缘时，L 及 E 端各接一线。

⑤试验电缆绝缘时，L 端钮接芯线，E 端钮接外层，G 端钮接里层，可以避免表面漏电所产生的误差。

例如，测量电机相间绝缘电阻和相线与电机外壳绝缘电阻前，应先停电、验电，再将待测电器和绝缘电阻表测量处擦拭干净，以免影响测试精度。接线时，必须认清接线柱，E 接线柱接测量电器设备外壳，L 接线柱接电器线路。兆欧表的连接线（也叫表线）必须采用绝缘良好的单根多股线，不得用双股绝缘线，且两根表线不允许缠绕在一起。为便于识别 L、E 接线柱，可采用红黑线，图 6－16 中采用红、黑鳄鱼夹。

雷雨天不宜测量，摇动手柄时不宜拆卸鳄鱼夹，拆后应记好测量结果。

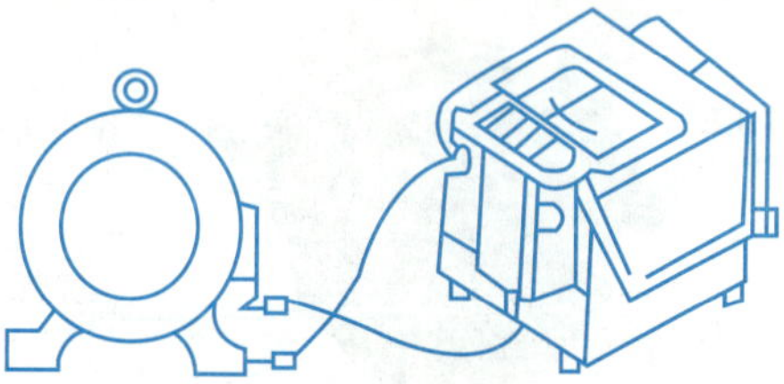

图 6－16　测量电机相间绝缘电阻和相线与电机外壳绝缘电阻

测量电缆绝缘电阻，测量电缆的导电线芯与电缆外壳的绝缘电阻时，除将被测两端分别接 E 和 L 两接线柱外，还需将 G 接线柱引线接到电缆壳芯之间的绝缘层上，如图 6－17 所示。

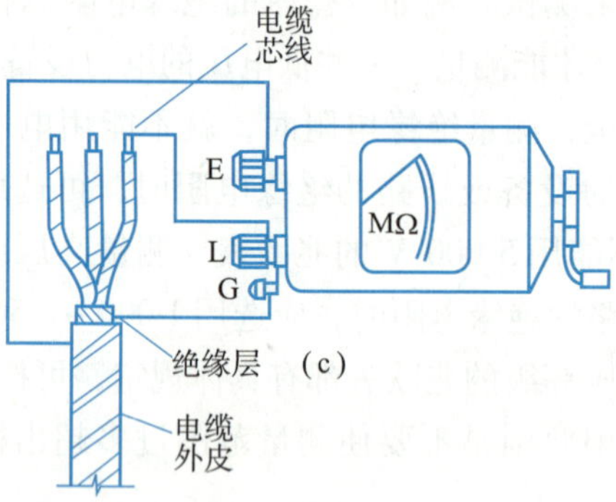

图 6－17　测量电机相间绝缘电阻和相线与电机外壳绝缘电阻

（2）使用时的注意事项。

①测量电气设备的绝缘电阻时，必须先切断电源，然后将设备进行放电，以保证人身安全和测量准确。

②兆欧表测量时应水平放置，未接线前先转动摇柄做开路试验，即接线柱端连接任何导线，慢慢地转动摇把，看指针是否指在“∞”处，再将（E）和（L）两个接线柱短接，慢慢地转动摇柄，看指针是否指在“0”处，若能指在“0”处，说明摇表是好的。注意，短路试验不宜太久，否则将把表烧坏。

③兆欧表接线柱上引出线应用多股软线，且要有良好的绝缘，两根引线切忌绞在一起，以免造成测量数据的不准确。

④兆欧表测量完后应立即将被测物放电，在兆欧表未停止转动和被测物未放电前，不可用手去触及被测物的测量部分或进行拆除导线，以防触电。

⑤一般情况下被测设备会因其表面不干净或空气中的湿度过大而产生表面漏电的现象，对测量的数值会造成影响，所以要将“G”端与被测物体的屏蔽环或不测量的部分相连，这样漏电就会经过屏蔽端“G”流回发电机负端形成回路，不再通过测量机构使量值出现偏差，从而杜绝了因表面漏电对测量数值产生的影响。

⑥在使用发电机兆欧表时，要注意“E”端和“L”端不能接反，正确的测量接法是将“E”端接设备外壳，“L”端接被测设备导体，“G”端接设备的绝缘部分，如果将“E”端和“L”端接反，那么会使“E”端的绝缘电阻同被测设备并联，使测量的结果偏小，给测量值带来较大误差。

2. 数字式兆欧表使用方法

数字式兆欧表（见图6－18）由中大规模集成电路组成，输出功率大，短路电流值高，输出电压等级多。它是由高压电路、电流电压变换电路、信号处理电路、A/D数字信号处理电路、控制电路和显示驱动电路组成。

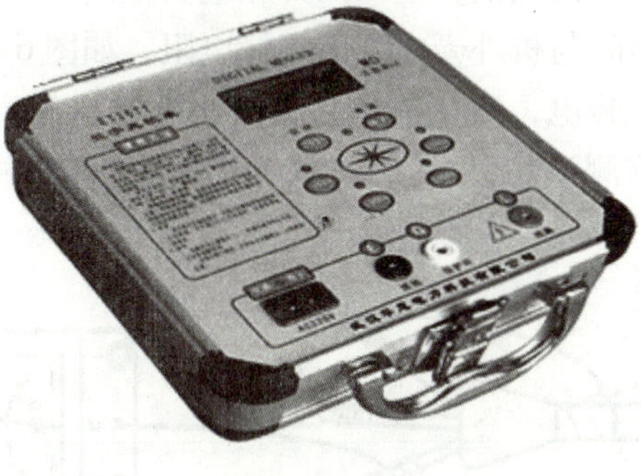

图6－18　ET2671系列数字式兆欧表

数字兆欧表的接线柱共有三个：一个为“L”即线端，一个“E”即为地端，再一个“G”即屏蔽端（也叫保护环）。该仪表是电力、邮电、通信、机电安装和维修以及利用电力作为工业动力或能源的工业企业部门常用而必不可少的仪表。它用于测量各种绝缘材料的电阻值及变压器、电机、电缆及电气设备等的绝缘电阻。

使用方法：

①在测量前首先检查兆欧表工作是否正常，分别检查其开路状态和短路状态的显示数值，在兆欧表开路状态时应指示为“9999”，（数字式），当短路时应指示或显示为“0”。

②要将被测设备的电源断开，千万不要使被测设备带电进行测量。还要将其清洁干净，否则影响测量数值。

③对有可能产生感应高压的被测设备，必须采取措施，如避开带有高压导体的设

备，不要在雷电天气进行测量等。

④兆欧表根据产生的电压，可分为不同的级别，在测量时要根据被测设备的种类选择合适的兆欧表。家电产品的测量通常使用500 V兆欧表。

⑤电池式兆欧表是电池通过变压器转换器产生足够的直流高压，以便形成漏电电流，用以测量绝缘的电阻。

⑥在测量时，被测设备表面可能会漏电，所以要将被测设备置于绝缘层中间测量，并接上保护环。

⑦操作方法。

a. 测量步骤。开启电源开关“ON”，选择所需要的电压等级，轻按一下，指示灯亮代表所选电压挡，轻按一下高压启停键，高压指示灯亮，LCD显示的稳定数值即为被测的绝缘电阻值，关闭高压时只需再按一下高压键，关闭整机电源时按一下电源“OFF”。

b. 接线端子符号含义。测量绝缘电阻时，线路“L”与被测物同大地绝缘的导电部分相接，接地“E”与被测物体外壳或接地部分相接，屏蔽“G”与被测物体保护隐蔽部分相接或其他不参与测量的部分相接，以消除表泄漏所引起的误差。测量电气产品元件之间绝缘电阻时，可将“L”和“E”端接在任一组线头上进行。例如，测量发电机相间绝缘时，三组可轮流交换，空出的一相应安全接地。

例如，测量洗衣机相间与机外壳之间的绝缘电阻，如图6－19所示。

测量前，应先断电、验电，确认无电后，再将洗衣机外壳和数字兆欧表鳄鱼夹接触处擦拭干净，以免影响测试精度。接线时，必须认清接线柱，E接线柱接洗衣机外壳，L接相线。

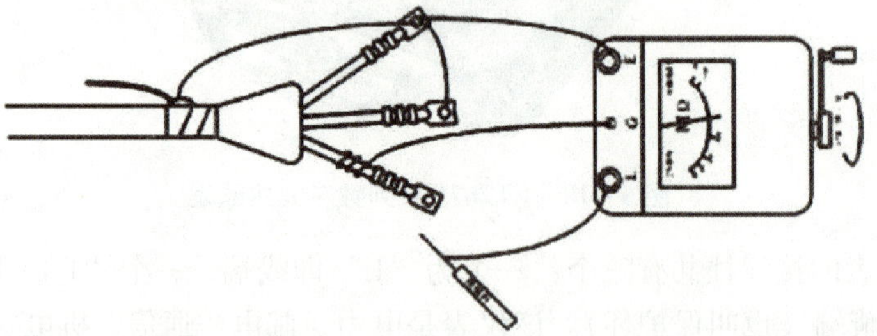

图6－19　兆欧表测洗衣机相间与外壳之间的绝缘电阻

3. 兆欧表的维护

（1）存放保管兆欧表时，应注意环境温度和湿度，贮存室温为－10～60 ℃放在干燥通风的地方为宜，要防潮、防尘、防爆、防酸碱及腐蚀性气体。

（2）兆欧表在使用时，应轻拿轻放，过分振动或猛烈撞击，会损坏仪表。

（3）兆欧表表盘应经常进行清洁，应用中性清洁剂轻拭表盘，以保持表盘的读数清晰。

（4）兆欧表的转换开关及旋转的触点必须定期加以清洗。并在清洗后，涂一层凡士林油。

（5）兆欧表配有可充电电池组。当机内可充电电池组低于7.2 V时，表头左上角显示欠压符号“←”。提示要及时对机内电池组充电8小时左右，直至面板上充电指示灯变暗以及熄灭。

（6）当出现电池电压过低告警指示时，应及时更换电池，以免影响测量准确度。仪表长期不用时，应定时对可充电电池组进行充电维护。以免电池腐蚀影响表内其他器件。

（7）仪表出现故障，应请专业维修人员修理，不要自行拆卸。

（8）仪表附件、测试线、说明书要妥善保管，以备维修时使用。

三、毫伏表

常用的晶体管毫伏表具有测量交流电压、电平测试、监视输出等功能。监视输出功能主要是用来检测仪器本身的技术指标是否符合出厂时的要求，同时也可作放大器使用，如图6－20所示。

图6－20　晶体管毫伏表

1. 晶体管毫伏表基本操作方法

（1）通电前先观察表针停在的位置，如果不在表面零刻度需调整电表指针的机械零位。

（2）根据需要选择输入端Ⅰ或Ⅱ。

（3）将量程开关置于高量程挡，接通电源，通电后预热10分钟后使用，可保证性能可靠。

（4）根据所测电压选择合适的量程，若测量电压未知大小应将量程开关置最大挡，然后逐级减少量程。以表针偏转到满度 2/3 以上为宜，最后根据表针所指刻度和所选量程确定电压读数。

（5）在需要测量两个端口电压时，可将被测的两路电压分别馈入输入端Ⅰ和Ⅱ，通过拨动输入选择开关来确定Ⅰ路或Ⅱ路的电压读数。

需要说明的是，在接通电源 10 秒钟内指针有无规则摆动几次的现象是正常的。

2. 晶体管毫伏表使用注意事项

（1）接通电源，电表指针来回摆动数次稳定后（输入线短接），校正调零旋钮，使指针在零位置，即可行进测量。

（2）输入端短路时，指针稍有噪声偏转（1 mV 挡不大于满度值的 2%）是正常的。

（3）所测交流电压中的直流分量不得大于 300 V。

（4）如果用毫伏表测量市电，注意机壳带电，以免发生危险。

（5）使用 100 mV 以下量程挡时，应尽量避免输入端开路，以防外界干扰电压造成仪器过载。

（6）由于本仪器灵敏度较高，接地点必须良好，或正确选择接地点。

四、示波器

示波器是一种用途十分广泛的电子测量仪器。它能把肉眼看不见的电信号变换成看得见的图像，便于人们研究各种电信号的变化过程。示波器利用狭窄的由高速电子组成的电子束，打在涂有荧光物质的屏面上，就可产生细小的光点（这是传统的模拟示波器的工作原理）。在被测信号的作用下，电子束就好像一支笔的笔尖，可以在屏面上描绘出被测信号的瞬时值的变化曲线。利用示波器能观察各种不同信号幅度随时间变化的波形曲线，还可以用它测试各种不同的电量，如电压、电流、频率、相位差、调幅度等。常用的示波器分为模拟示波器（通用示波器）和数字示波器。通用示波器前面板，如图 6－21 所示。

1. 面板介绍

亮度和聚焦旋钮：亮度调节旋钮用于调节光迹的亮度（也叫灰度），使用时应使亮度适当，过亮容易损坏示波管。聚焦调节旋钮用于调节光迹的聚焦（粗细）程度，使用时以图形清晰为佳。

信号输入通道，常用示波器为双踪示波器，有两个输入通道，分别为通道 1（CH1）和通道 2（CH2），可分别接上示波器探头，再将示波器外壳接地，探针插至待测部位进行测量。

通道选择键：常用示波器有五个通道选择键，CH1：通道 1 单独显示；CH2：通道 2 单独显示；ALT：两通道交替显示；CHOP：两通道断续显示，用于扫描速度较慢时双踪显示；ADD：两通道的信号叠加，维修中以选择通道 1 或通道 2 为多。

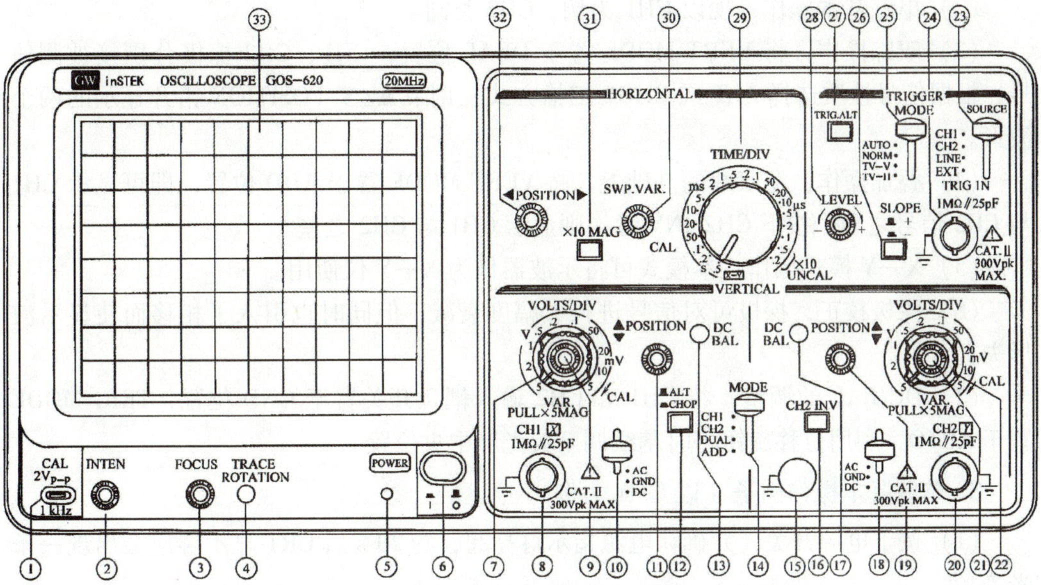

图 6－21　通用示波器前面板

垂直灵敏度调节旋钮：调节垂直偏转灵敏度，应根据输入信号的幅度调节旋钮的位置，将该旋钮指示的数值乘以被测信号在屏幕垂直方向所占格数，即得出被测信号的幅度。

垂直移动调节旋钮：用于调节被测信号光迹在屏幕垂直方向的位置。

水平扫描调节旋钮：调节水平速度，应根据输入信号的频率调节旋钮的位置，将该旋钮指示数值乘以被测信号一个周期占有格数，即得出该信号的周期，也可以换算成频率。

水平位置调节旋钮：用于调节被测信号光迹在屏幕水平方向的位置。

触发方式选择：示波器通常有四种触发方式。常态（NORM）：无信号时，屏幕上无显示，有信号时，与电平控制配合显示稳定波形；自动（AUTO）：无信号时，屏幕上显示光迹，有信号时与电平控制配合显示稳定的波形；电视场（TV）：用于显示电视场信号；峰值自动（P－P AUTO）：无信号时，屏幕上显示光迹，有信号时，无需调节电平既能获得稳定波形显示。该方式只有部分示波器中采用；触发源选择：示波器触发源有内触发源和外触发源两种，如果选择外触发源，那么触发信号应从外触发源输入端输入，这种方式很少用。如果选择内触发源，一般选择通道1（CH1）或通道2（CH2），应根据输入信号通道选择，如果输入信号通道选择为通道1，则内触发源也应选择通道1。

下面以通用示波器为例说明示波器的使用。

2. 基本操作

（1）使用注意事项，接通电源之前，务必确认示波器已设定为目前所使用的电源电压；否则，应通过后面板上的电源电压选择器进行选择，并更换适当的熔体。

（2）单踪基本操作，现以 CH1 为例，CH2 类同。

（3）双踪操作，将 VERT MODE 置于 DUAL 位置，CH1、CH2 探极分别接被测信号，根据信号性质选择 ALT 或 CHOP 扫描方式，调节▲/▼ POSITION 错开显示的两个波形。

（4）叠加操作，在双踪的基础上，将 VERT MODE 置于 ADD 位置，即可显示 CH1 与 CH2 信号之和；按下 CH2 INV 键，则显示 CH1 与 CH2 之差。

（5）X—Y 模式操作，本模式可将示波器作为 X—Y 仪使用。

（6）探极校正，探极可对信号进行大幅度衰减，但同时也引入了相移而使显示波形失真。

（7）DC BAL 的调整，将 CH1 和 CH2 输入耦合开关置于 GND 位置，TRIG MODE 置于 AUTO，利用位移旋钮将时基线调至荧光屏中央位置。

3. 单踪基本操作例子（以 CH1 为例）

（1）按下电源开关，并确认电源指示灯亮起，约 20 s 后 CRT 显示屏应会出现一条光迹。

（2）调节 INTEN 和 FOCUS 钮，使亮度适当、光迹清晰。

（3）调节 CH1▲/▼ POSITION 及 TRACE ROTATION，使光迹与中央水平刻度线重合。各按钮设置如表 6－1 所示。

表 6－1　各按钮设置

项　目	设　定	项　目	设　定
POWER	OFF 状态	AC—GND—DC	GND
INTEN	居中	SOURCE	CH1
FOCUS	居中	SLOPE	+
VERT MODE	CH1	TRIG. ALT	弹出
ALT/CHOP	ALT	TRIGGER MODE	AUTO
CH2/INV	弹出	TIME/div	0.5 ms/div
POSITION	居中	SWP. VAR	CAL 位置
VOLTS/DIV	0.5 V/div	POSITION	居中
VARIABLE	CAL 位置	×10 MAG	弹出

（4）将探极接至 CH1 输入端⑧，并将探极另一端接至 2V_{p-p}校准信号输出端子①。

（5）将 AC—GND—DC 置于 AC 位置，则 CRT 上将显示，如图 6－22 所示的波形。

（6）以被测信号取代校准信号。

（7）调节 VOLTS/DIV 和 TIME/DIV 钮，使波形完整，便于观察。

（8）调节▲/▼ POSITION 和 POSITION 钮，使波形与刻度线对齐，以便读取电压值 V_{p-p}和周期 T。

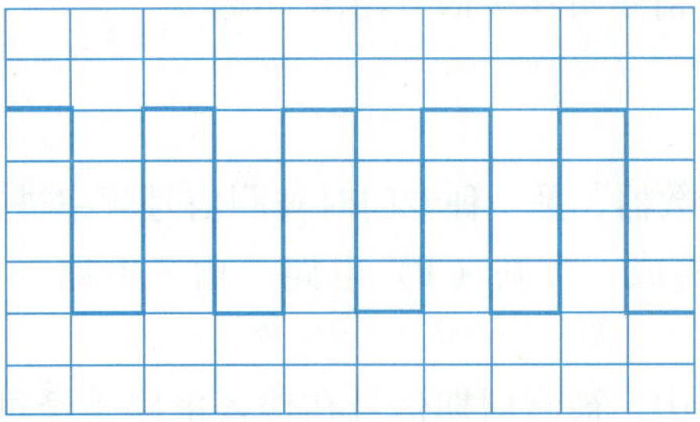

图 6－22 单踪波形

4. 示波器探头使用注意事项

（1）探头、与被测电路连接时，探头的接地端务必与被测电路的地线相连，否则在悬浮状态下，示波器与其他设备或大地间的电位差可能导致触电或损坏示波器、探头或其他设备。

（2）测量量建立时间短的脉冲信号和高频信号时，请尽量将探头的接地导线与被测点的位置邻近。接地导线过长，可能会引起振铃或过冲等波形失真。

（3）为避免接地导线影响对高频信号的测试，建议使用探头的专用接地附件。

（4）为避免测量误差，请务必在测量前对探头进行检验和校准。

（5）对于高压测试，要使用专用高压探头，分清楚正负极后，确认连接无误才能通电开始测量。

（6）对于两个测试点都不处于接地电位时，要进行“浮动”测量，也称差分测量，要使用专业的差分探头。

五、信号发生器

信号发生器是一种能产生标准信号的仪器，是工业生产和电工、电子实验室中经常使用的电子仪器之一。信号发生器种类较多，性能各异，但它们都可以产生不同频率的正弦波、调幅波、调频信号以及各种频率的方波、三角波、锯齿波和正负脉冲波信号等。利用信号发生器输出的信号，可以对电路或元器件的特性及参数进行测量。信号发生器种类繁多，用途广泛，可分为通用信号发生器和专用信号发生器两大类。通用信号发生器具有广泛而灵活的应用性，按输出波形可分为正弦波信号发生器、函数信号发生器、脉冲信号发生器等。通用信号发生器根据工作频率的不同，可分为超低频、低频、视频、高频、甚高频、超高频几大类。

信号发生器的使用方法：

（1）开启电源，开关指示灯显示。

（2）选择合适的信号输出形式（方波或正弦波）。

（3）选择所需信号的频率范围，按下相应的挡级开关，适当调节微调器，此时微调器所指示数据同挡级数据倍乘为实际输出信号频率。

（4）调节信号的功率幅度，适当选择衰减挡级开关，从而获得所需功率的信号。

（5）从输出接线柱分清正负连接信号输出插线。

六、频率计

频率计又称为频率计数器，是一种专门对被测信号频率进行测量的电子测量仪器。频率计主要由四个部分构成：时基（T）电路、输入电路、计数显示电路以及控制电路。

在一个测量周期过程中，被测周期信号在输入电路中经过放大、整形、微分操作之后形成特定周期的窄脉冲，送到主门的是输入端。主门的另一个输入端为时基电路产生的闸门脉冲。在闸门脉冲开启主门的期间，特定周期的窄脉冲才能通过主门，从而进入计数器进行计数，计数器的显示电路用来显示被测信号的频率值，内部控制电路用来完成各种测量功能之间的切换并实现测量设置。

频率计的应用范围：在传统的电子测量仪器中，示波器在进行频率测量时测量精度较低，误差较大。频谱仪可以准确的测量频率并显示被测信号的频谱，但测量速度较慢，无法实时快速的跟踪捕捉到被测信号频率的变化。正是由于频率计能够快速准确的捕捉到被测信号频率的变化，因此，频率计拥有非常广泛的应用范围。

在传统的生产制造企业中，频率计被广泛应用在产线的生产测试中。频率计能够快速捕捉到晶体振荡器输出频率的变化，用户通过使用频率计能够迅速的发现有故障的晶振产品，确保产品质量。

在计量实验室中，频率计被用来对各种电子测量设备的本地振荡器进行校准。

在无线通信测试中，频率计既可以被用来对无线通信基站的主时钟进行校准，还可以被用来对无线电台的跳频信号和频率调制信号进行分析。

七、直流稳压电源

直流稳压电源能为负载提供稳定直流电源的电子装置。直流稳压电源的供电电源大都是交流电源，当交流供电电源的电压或负载电阻变化时，稳压器的直流输出电压都会保持稳定。直流稳压电源随着电子设备向高精度、高稳定性和高可靠性的方向发展，对电子设备的供电电源提出了高的要求。

很多电子产品的工作电压都是直流电压，如果无直流电源，电路无法工作、电子产品检验也就无法进行。可分为线性稳压电源和开关稳压电源两大类别，主要用于电子元器件的工作电源，以及低压灯具、直流电机等。常见的直流电源，如图 6－23 所示。

八、失真度仪

失真度仪主要用于线性系统失真度性能的测量。

从低频信号到高频信号只要通过非线性器件或电路都会产生新的频率分量，其输出不仅有与原来信号相同的基波分量，而且有各次谐波分量，这种现象称为非线性失

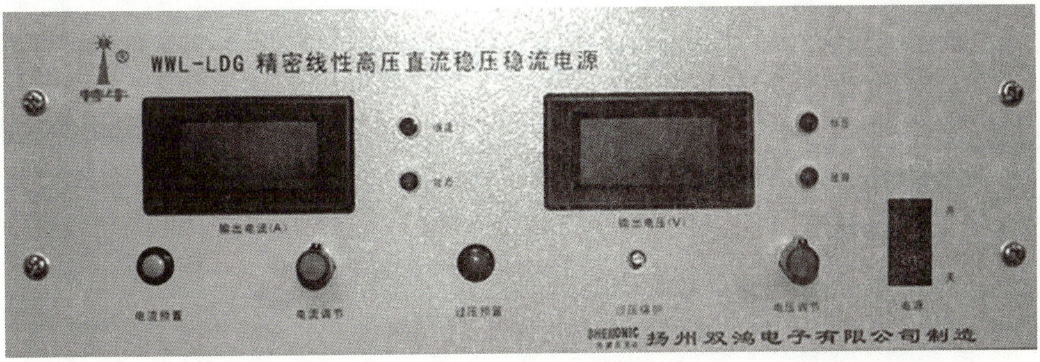

图 6－23　直流稳压电源

真，非线性失真的程度可用非线性失真系数（简称失真度）表示。失真度是衡量线性系统工作性能的重要指标。失真度测量常用基波抑制法测量，常用的失真度仪通常是基于基波抑制法的测量原理，如图 6－24 所示。

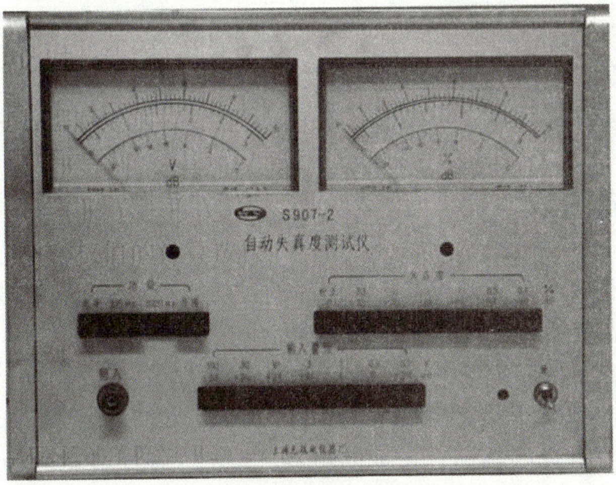

图 6－24　失真度仪

6.2.2　总结提升

本节主要讲述了电子产品物理性能测试的相关知识。通过本节内容的学习学生应该明确如何测量电子产品的物理性能，并能正确使用各种测量仪器。

6.2.3　活动安排

带领学生到实验室或实训基地参观，让学生根据自己所学的知识选择合适的仪器产生前面几种波形，之后选择合适的仪器测量各种波形的性能指标和性能参数。

6.3 功能性测试

学习目标

1. 知识目标

（1）了解功能性测试的基本常识。

（2）了解常用的功能性能测试的常用仪器及使用方法。

2. 能力目标

会正确使用各种功能性能测试仪器。

案例导入

小李在应聘某公司的IQC职位面试的过程中，面试官给他一新的手机让他测试这部手机的功能，他该如何测量？

案例分析

小李要想正确完成任务，首先必须知道测量手机的功能用什么测量仪器以及都需要测试手机的哪些参数，然后会正确使用该测量仪器，才能得到面试官想要的答案。

6.3.1 必备知识

功能测试，也称为行为测试，就是对产品的各功能进行验证，根据功能测试用例，逐项测试，检查产品是否达到用户要求的功能。功能性测试主要是确认产品是否符合产品的协议要求或相关的国家标准、行业标准等的要求。

众所周知，产品是指能够提供给市场，被人们使用和消费，并能满足人们某种需求的任何东西，包括有形的物品、无形的服务、组织、观念或它们的组合，因而不同的产品具有不同的功能测试要求。作为ODM/OEM制造商，不仅要考虑测试的效率，还要考虑测试所带来的成本。本节以手机测试为例来阐述手机的一些功能测试要求和测试方法。

一、CDMA/GSM手机测试系统的结构

如图6－25、图6－26所示，利用NI射频信号分析模块PXI－5660和外部射频信号发生器，PXI－5660以实时带宽大、时间基轴稳定和能够进行矢量测量而著称，矢量测量的特性更使其成为射频信号和商业电子测量的立项选择。由图6－26可见，基于NI Service Net-work独特的并行测试技术，在此基础上系统又整合了基于PXI的射频信号发生器以及射频信号分析模块。测试速度相对于原来的GPIB仪器又提升了50%～100%。PXI总线测试系统的测试速度基准是80 s/2部手机，而基于GPIB的仪器测试一部手机的时间需要大约150 s的时间。

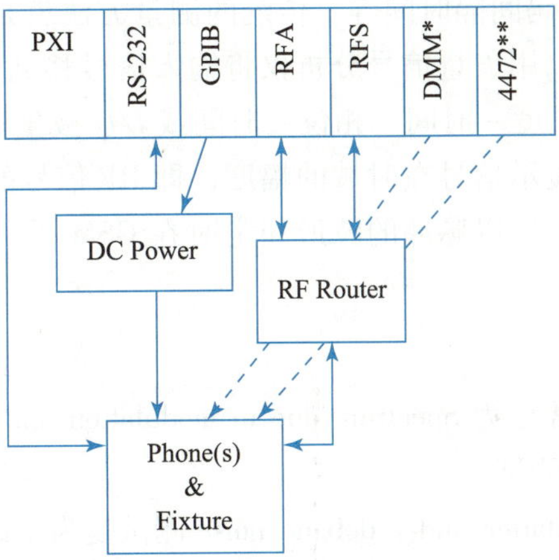

图 6-25 CDMA/GSM 校验系统硬件连接框图

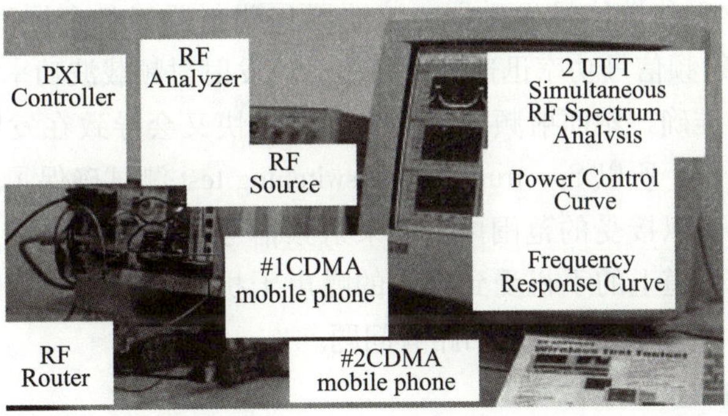

图 6-26 CDMA/GSM 校验系统实际测试平台结构图

二、CDMA/GSM 手机测试系统软件工具

无线测试工具包软件是按照软件无线电的理念，基于 National Instruments 的 LabVIEW 开发，是手机在线测试系统的核心部分。作为一个最优化测试平台，这套工具包将射频数字转换器变成功能强大的协议测试仪器。从而也使得 NI 的射频硬件与其他的射频硬件有了根本上的区别。通过调用高层函数，客户能够接触到一些协议测试的源代码，有了这些源代码，客户就可以为手机生产建立一套高效，灵活的生产测试系统。由于这套无线测试工具包软件是基于 National Instruments 的 LabVIEW 图形编程环境开发的，所以它能够被无缝整合到 National Instruments 的最新测试执行软件 testStand 中去，这将进一步提升生产测试流程的高效性。

三、CDMA/GSM 手机测试原理

1. 时间域测量

时间域测量常用于脉冲信号系统，测量参数包括脉冲上升/下降时间、脉冲重复

间隔、开/关机时间、误码间隔时间等。传统的测量方法就是用示波器来观察信号的时域波形，而此仪器可以用矢量信号分析仪将输入信号移到基带后采样成同相分量 I 和正交分量 Q。可以在幅度-时间、相位-时间或 I/Q 极坐标等坐标系统中来表示这两个分量。扫频仪用于显示信号在时域的幅度，即 RF 信号的包络。对于 TDMA 技术来说时域分析尤为重要，所以脉冲的波形和定时在 GSM 手机的检测中是必不可少的参数。

2. 频域测量

手机的频域测量通常分为 Spectrum due to modulation and wideband noise 测试以及 Spectrum due to switching 测试。

Spectrum due to modulation and wideband noise 测试是为了确保调制过程不会造成频谱的过度传播。如果频谱过度传播，那么工作在其他频段的手机就将受到噪声的干扰。这项测试在某种程度上也被视为相邻信道功率测试。通过这项测试可以及时发现信号发射过程中诸如 I/Q 基带信号发生器、滤波器和调制器等各个层面上的问题。GSM/EDGE 发射器会使射频信号功率迅速呈下降趋势。发射射频载波功率测试确保这一过程发生时间的快速、准确，然而射频信号功率下降过快又会导致在发射射频信号中出现不良频率的干扰信号。所以 Spectrum due to switching test 测试确保了这些频率成分的信号功率保持在一个可以接受的范围内。如果射频信号功率下降过快，就会导致工作在发射频率附近其他信道上的手机受到很强的噪声干扰。如果这项测试不能通过的话可能是发射器的功率放大器或是基准回路有问题。

3. 调制域测量

调制质量是手机发射器最重要的性能指标之一，所以它的测量就变得尤为重要。

CDMA 手机和 GSM 手机的调制质量。测试方法各有所不同，CDMA 手机是通过测试 ρ 和频率误差来表征它的调制质量，而 GSM 手机则是通过测试相位误差和频率误差来表征它的调制质量。

（1）CDMA 手机。ρ 是关于互功率和总功率之间关系测量。互功率是将测得的射频信号功率和理想的参考信号功率求互相关得到，$\rho = +(1)$。

ρ 的性能好坏严重影响到手机对信号的处理能力。如果 ρ 值太小使得许多不相关的信号以噪声的形式出现在信号中，于是我们就不得不加大信号的功率来提高信噪比，这样基站在发射功率不变的基础上就不得不暂时屏蔽掉一些通话以保证另一些通话有足够的信噪比。

频率误差的测量是为了验证手机信号发射器是否工作在准确的频率上。这对于手机以及整个通信系统来说也是至关重要的，如果手机发射频率出现比较大的误差就会对工作在其相邻频率信道上的信号产生干扰。

（2）GSM 手机。相位误差（GMSK）和频率误差是用于表征 GSM 手机调制质量的两个重要参数。相位误差的测量能反映出发射器电路中 I/Q 基带信号发生器、滤波器、调制器和放大器等部分的问题，在实际系统中，太大的相位误差会使接收器在某些边界条件下无法正确解调，这最终会影响工作频率范围。频率误差的测量能够反映出合成器/锁相环等部分的性能。频率误差过大反映出当信号发送时存在频率转换，合成器不能快速识别信号。在实际系统中，频率误差过大会造成接收器无法锁定频率，最终导致和其他手机之间相互干扰。

4. 通道功率的测量

通道功率是指在信号频率带宽范围内的平均功率，它是通信系统最基本的参数之一。在无线通信系统中，我们要用尽可能小的功率实现最佳的通信连接。这样不仅有助于将整个系统的干扰保持在最小的程度，还可以最大限度地延长基站电池的寿命。手机移动通信中如果通道功率太小，那我们就无法得到理想的通话质量，如果通道功率太大，基站电池的寿命就会大大缩短，我们要使通道功率保持在一个使两者性能达到最佳的均衡状态。因此通道功率的测试在手机测试中就显得至关重要。

6.3.2　总结提升

本节主要讲述了电子产品功能性能测试的相关知识。通过本节内容的学习学生应该明确如何测量电子产品的功能性能，并能正确使用各种测量仪器。

6.3.3　活动安排

带领学生实验/实训，让学生根据自己所学的知识，测试自己手机的功能性能如何?

6.4　项目验收

(1) 经过本项目内容的学习，你是否完成了所有任务? 并写出检测报告。

(2) 在日常生活中只要用什么仪器来测量电子产品的几何尺寸? 使用这些测量仪器的注意事项是什么?

(3) 在日常生活中你使用过什么电性能测试仪器仪表? 如何保证测量值的正确性?

(4) 电子产品的功能性测试主要考虑哪些方面?

项目评价

请反思在本项目进程中你的收获和疑惑，写出你的体会和评价。

项目总结与评价表

内容		你的收获	你的疑惑
获得知识			
掌握方法			
习得技能			
学习体会			
学习评价	自我评价		
	同学互评		
	老师寄语		

项目7

电子产品检验结果的分析与处理

学习指南

本项目是在前面项目学习完成基础上的总结和扩展。通过学习使学生了解电子产品检验的测量系统分析，掌握检验结果的分析方法、检验分析结果的主要应用。了解质量管理的基本方法和工具，建立电子产品测试成熟度模型和形成 PDCA 可持续改进，为以后的职业发展奠定了基础。本项目的重点内容是测量系统分析和检验结果的分析方法及应用，难点是检验结果的主要分析方法。本项目是电子产品检验的后端环节，对整个电子产品的质量提升起着指导性的作用，是前面学习的总结和提高，本项目的学习采取理论讲解和实践操作相结合的方式。对学生的评价以学生对检验结果的分析能力主要的依据。

思维导图

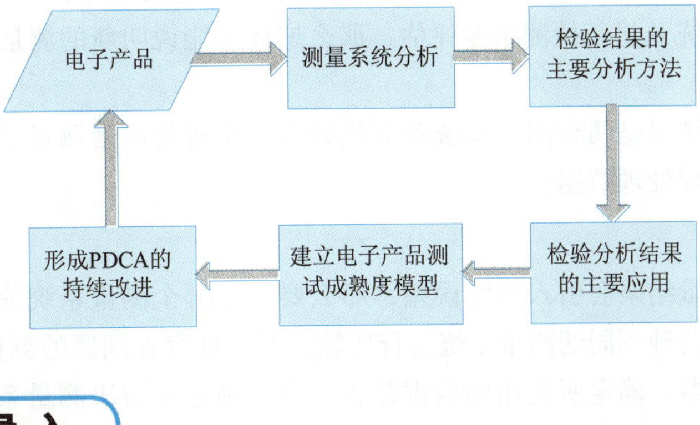

案例导入

我们前面关于检验学习了很多东西，做了很多工作，但检验出合格的产品并不是我们的最终目的，检验是为了提高产品的质量，把不合格产品的数量降到最低，有效提高产品合格率，降低成本才是检验的最终目标。那怎样才能把检验的结果应用在提高产品质量上呢？

案例分析

科学收集检验的数据，进行检验结果的分析和处理，将分析的结果用于找到产品质量不合格的原因，改善生产工艺，改良检验过程，形成可持续改进，这才是有效提高产品质量的途径。

7.1 测量系统分析

学习目标

认识测量系统，对测量系统进行分析，判断测量系统对测量结果的影响。

1. 知识目标

（1）了解测量系统和测量系统分析方法。

（2）掌握测量系统的统计特性。

（3）掌握测量系统变异性影响。

2. 能力目标

在检验中能通过分析测量系统，提高检验精度。

案例导入

员工小李是某电子设备公司检验部的一名员工，他以前采用公司的测量系统 A 进行产品信号电压的测量，现在公司技术更新引进了新测量系统 B，在设备更新之前小李要对新的测量系统 B 进行检测精度评估，那么怎样才能说明新的测量系统 B 测量的数据更准确呢？

若评估后的结果是两套测量系统各有优缺点，希望将两套测量系统综合在一起使用，那么应该怎样处理数据？

案例分析

小李知道测量结果会引入系统误差，那么要确定哪个测量系统的测量的数据最可靠，这就需要将两种不同的测量系统进行比较，对可能存在问题的测量系统进行评估，评估新的测量仪器，确定所使用的数据是否可靠，确定并解决测量系统误差问题。这就是我们研究测量系统的目的。

使用不同方法或工具进行测量，测量工具发生变化属于非等精度测量，对于非等精度测量的数据不能简单的混合在一起，要进行加权处理。

7.1.1　必备知识

一、测量系统

如图 7－1 所示为测量系统示意图。测量系统是用来对被测特性定量测量或定性评价的仪器或量具、标准、操作、方法、夹具、软件、人员、环境和假设的集合；用来获得测量结果的整个过程。

理想的测量系统在每次使用时，应只产生“正确”的测量结果。每次测量结果始终要与一个标准值相符。一个能产生理想测量结果的测量系统，应具有零方差、零偏倚和所测的任何产品错误分类为零概率的统计特性。如果测量的方式不对，那么好的结果可能被测为坏的结果，坏的结果也可能被测为好的结果，此时便不能得到真正的产品或过程特性。

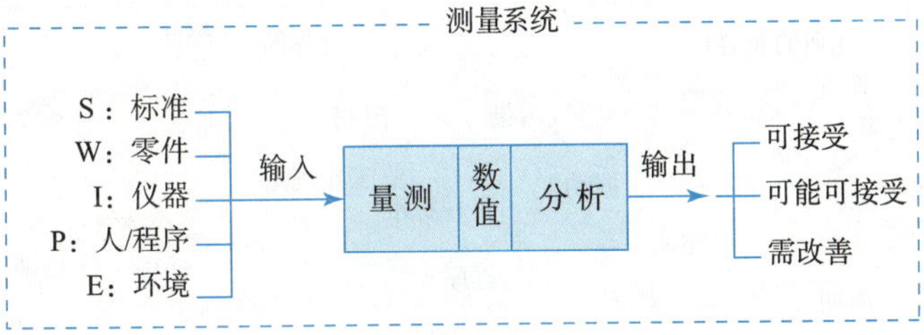

图 7－1　测量系统示意图

1. 测量数据的质量

测量数据的质量取决于从处于稳定条件下进行操作的测量系统中多次测量的统计特性。

（1）准确度是指测量值与真实值或可接受的基准值的接近程度，显然测量值与真实值或可接受的基准值越接近，测量系统的准确度越高。

a. 准确度（Accuracy）。$X \to \mu$ 或称偏倚（BIAS）是测量实际值与工件真值间的差异，是指数据相对基准（标准）值的位置，如图 7－2 所示。

b. 精密度（Precision）σ 或称变差（Variation）利用同一量具，重复测量相同工件同一质量特性，所得数据的变异性是指数据的分布，如图 7－3 所示。

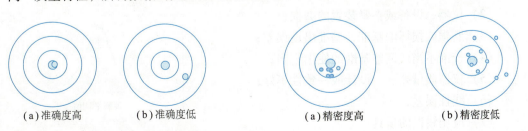

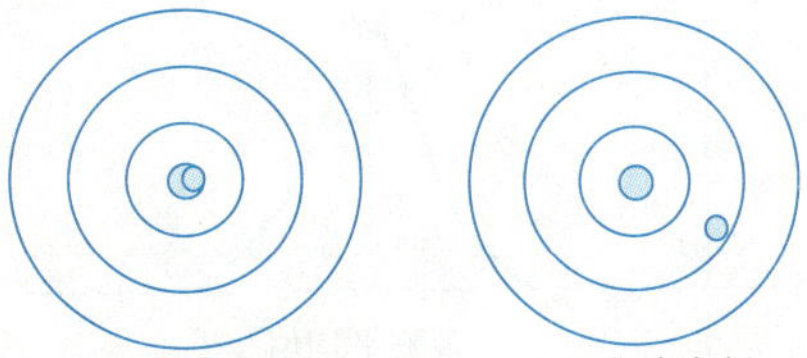

(a) 准确度高　　(b) 准确度低

图 7－2　准确度示意图

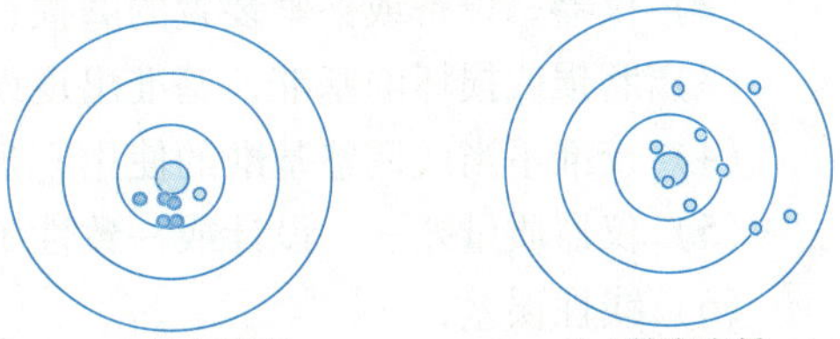

(a) 精密度高　　(b) 精密度低

图 7－3　精密度示意图

低质量数据的普遍原因之一是变差太大。一组数据中的变差多是由于测量系统及其环境的相互作用造成的。如果相互作用产生的变差过大，那么数据的质量会太低，从而造成测量数据无法利用。例如，具有较大变差的测量系统可能不适合用于分析制造过程，因为测量系统的变差可能掩盖制造过程的变差。

2. 数据变差的来源

数据变差来源分析如图 7－4 所示。

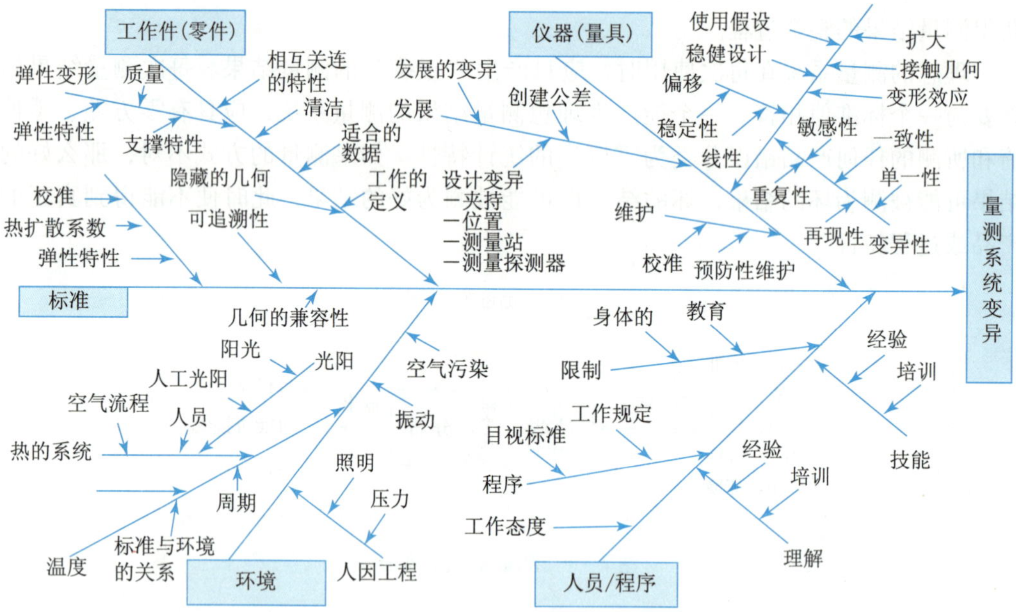

图 7－4　数据变差来源分析图

二、测量系统统计特性

1. 偏倚

如图 7－5 所示为数据偏倚的示意图。偏倚是测量结果的观测平均值与基准值的差值。真值的取得可以通过采用更高等级的测量设备进行多次测量，取其平均值。

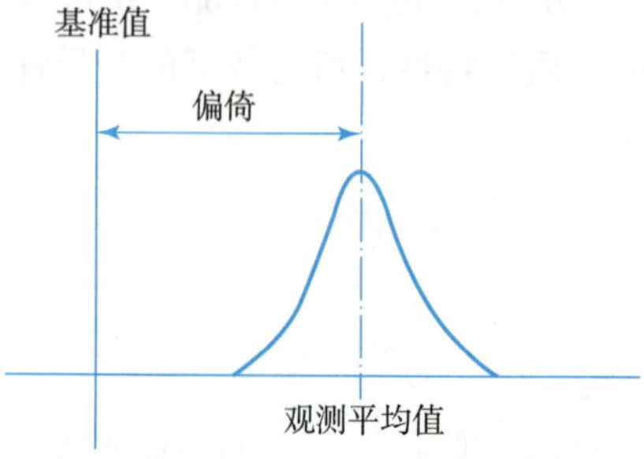

图 7－5　数据偏倚示意图

造成偏倚的原因：

（1）仪器需要校准；

（2）仪器、设备或夹紧装置的磨损；

（3）磨损或损坏的基准，基准出现误差；

（4）校准不当或调整基准的使用不当；

（5）仪器质量差——设计或一致性不好；

（6）线性误差；

（7）应用错误的量具；

（8）不同的测量方法——设置、安装、夹

紧、技术；

(9) 测量错误的特性；

(10) 量具或零件的变形；

(11) 环境——温度、湿度、振动、清洁的影响；

(12) 违背假定、在应用常量上出错；

(13) 应用——零件尺寸、位置、操作者的技能、疲劳、观察错误。

2. 重复性

如图 7-6 所示为数据重复性示意图。重复性是指同一测评人，采用同一种仪器，多次测量同一零件的同一特性时获得的测量结果的差值。差值越小，说明测量系统的重复性越好。

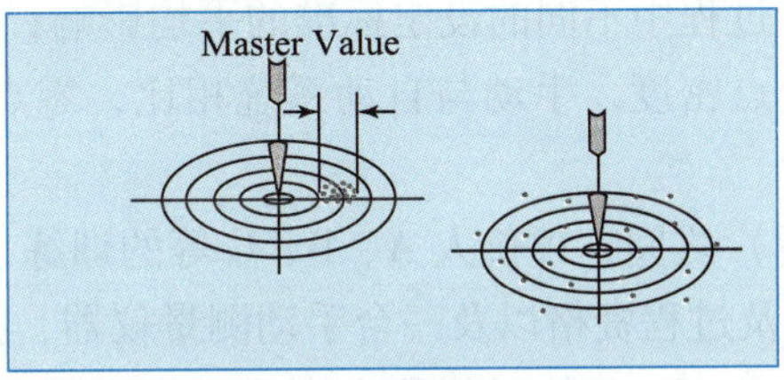

图 7-6　数据重复性示意图

重复性不好的可能原因：

(1) 零件（样品）内部：形状、位置、表面加工、锥度、样品一致性；

(2) 仪器内部：修理、磨损、设备或夹紧装置故障，质量差或维护不当；

(3) 基准内部：质量、级别、磨损；

(4) 方法内部：在设置、技术、零位调整、夹持、夹紧、点密度的变差；

(5) 评价人内部：技术、职位、缺乏经验、操作技能或培训、感觉、疲劳；

(6) 环境内部：温度、湿度、振动、亮度、清洁度的短期起伏变化；

(7) 违背假定：稳定、正确操作；

(8) 仪器设计或方法缺乏稳健性，一致性不好；

(9) 应用错误的量具；

(10) 量具或零件变形，硬度不足；

(11) 应用：零件尺寸、位置、操作者的技能、疲劳、观察误差（易读性、视差）。

3. 再现性

如图 7-7 所示为数据再现性示意图。再现性是指不同的测评人，采用同一种仪器，测量同一零件同一特性时测量平均值的变差。显然变差越小，说明测量系统的再现性越好。

再现性不好的原因：

(1) 零件（样品）之间：使用同样的仪器、同样的操作者和方法时，当测量零件的类型为 A、B、C 时的均值差；

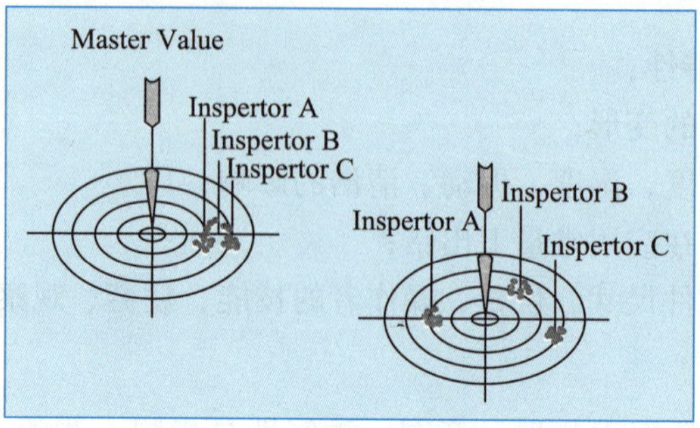

图 7－7　数据再现性示意图

（2）仪器之间：同样的零件、操作者、和环境，使用仪器 A、B、C 等的均值差；

（3）标准之间：测量过程中不同的设定标准的平均影响；

（4）方法之间：改变点密度，手动与自动系统相比，零点调整、夹持或夹紧方法等导致的均值差；

（5）评价人（操作者）之间：评价人 A、B、C 等的训练、技术、技能和经验不同导致的均值差。对于产品及过程资格以及一台手动测量仪器，推荐进行此研究；

（6）环境之间：在第 1、2、3 等时间段内测量，由环境循环引起的均值差。这是对较高自动化系统在产品和过程资格中最常见的研究；

（7）违背研究中的假定；

（8）仪器设计或方法缺乏稳健性；

（9）操作者训练效果；

（10）应用——零件尺寸、位置、观察误差（易读性、视差）。

4. 线性

如图 7－8 所示为数据线性示意图。在量具正常工作量程内的偏倚变化量呈线性变化。多个独立的偏倚误差在量具工作量程内的关系是测量系统的系统误差构成。

线性误差的可能原因：

（1）仪器需要校准，需减少校准时间间隔；

（2）仪器、设备或夹紧装置磨损；

（3）缺乏维护——通风、动力、液压、腐蚀、清洁；

（4）基准磨损或已损坏；

（5）校准不当或调整基准使用不当；

（6）仪器质量差；设计或一致性不好；

（7）仪器设计或方法缺乏稳定性；

（8）应用了错误的量具；

（9）不同的测量方法——设置、安装、夹紧、技术；

（10）量具或零件随零件尺寸变化、变形；

（11）环境影响——温度、湿度、震动、清洁度；

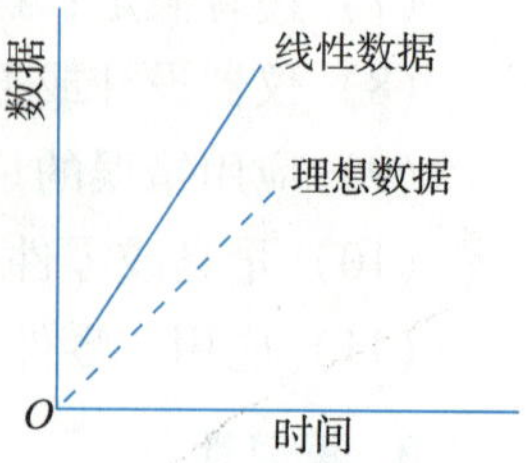

图 7－8　数据线性示意图

（12）其他——零件尺寸、位置、操作者的技能、疲劳、读错。

5. 稳定性

稳定性是指某持续时间内测量同一基准或零件的单一特性时获得测量值总变差。总变差越小，说明测量系统的稳定性越好，如图 7－9 所示。

不稳定的可能原因：

（1）仪器需要校准，需要减少校准时间间隔；

（2）仪器、设备或夹紧装置的磨损；

（3）正常老化或退化；

（4）缺乏维护——通风、动力、液压、过滤器、腐蚀、锈蚀、清洁；

（5）磨损或损坏的基准，基准出现误差；

（6）校准不当或调整基准的使用不当；

（7）仪器质量差——设计或一致性不好；

（8）仪器设计或方法缺乏稳健性；

（9）不同的测量方法——装置、安装、夹紧、技术；

（10）量具或零件变形；

（11）环境变化——温度、湿度、振动、清洁度；

（12）违背假定、在应用常量上出错；

（13）应用：零件尺寸、位置、操作者技能、疲劳、观察错误。

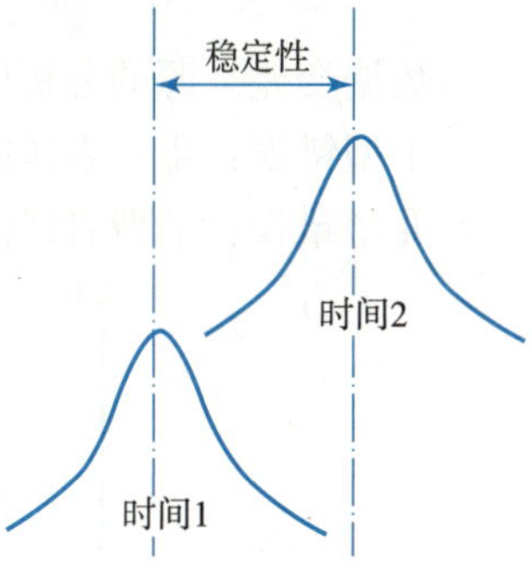

图 7－9　数据稳定性示意图

6. 测量系统的统计特性

（1）足够的分辨率和灵敏度。

（2）是统计受控制的。

（3）对产品控制，变异性小于公差。

（4）对过程控制，变异性应该显示有效的分辨率并与过程变差相比要小。

三、测量系统变异性影响

测量系统变异性影响分析如图 7－10 所示，重复性和再现性是测量误差的主要来源，因此我们以测量系统重复性和再现性作为衡量测量系统是否可接受的标准。

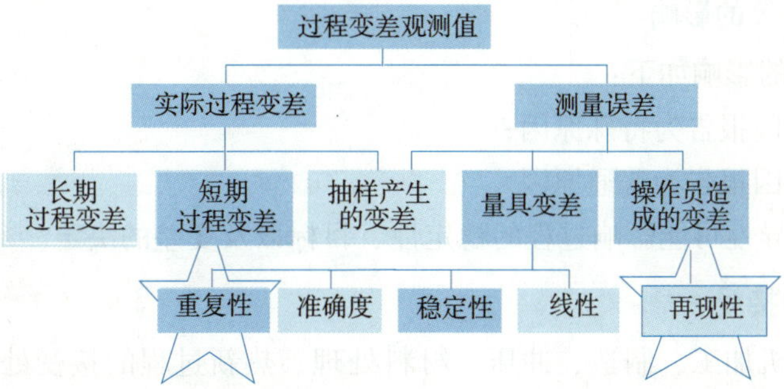

图 7－10　数据变差来源分析图（一）

低于10%的误差或变差测量系统是可以考虑接受的。

介于10%～30%的误差或变差，考虑重复性、装备成本、维护成本的前提下，测量系统可以接受。

高于30%的误差或变差时，该测量系统是不能投入使用的，必须予以改善。

1. 测量系统对产品决策的影响

数据变差来源的分析图，如图7－11、图7－12所示。

Ⅰ型错误：生产者风险误发警报，好零件有时会被判为“坏”的。

Ⅱ型错误：消费者风险或漏发警报，坏零件有时会被判为“好”的。

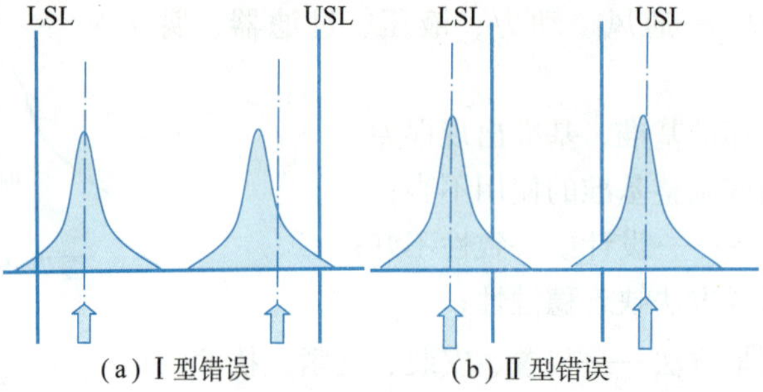

图7－11 数据变差来源分析图（二）

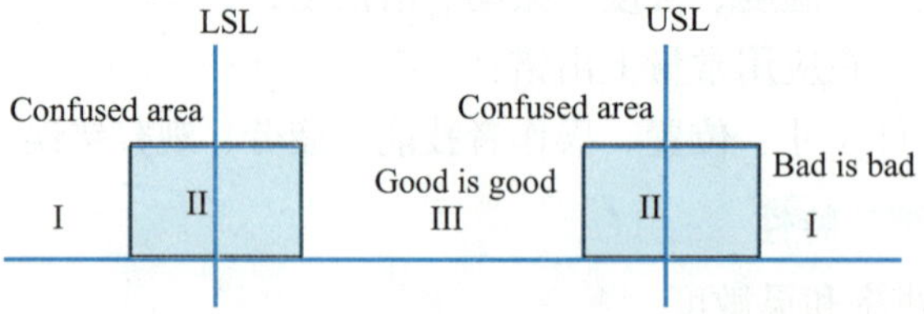

图7－12 数据变差来源分析图（三）

错误决定的潜在因素：测量系统误差与公差交叉时，产品状况判定目标是最大限度地做出正确决定，有两种选择：

（1）改进生产区域：减少过程变差，没有零件产生在Ⅱ区。

（2）改进测量系统：减少测量系统误差从而减小Ⅱ区域的面积，这样就可以最小限度地降低做出错误决定的风险。

2. 对过程决策的影响

对过程决策的影响如下：

（1）普通原因报告为特殊原因；

（2）特殊原因报告为普通原因。

测量系统变异性可能影响过程的稳定性、目标以及变差的决定。

3. 新过程的接受

新过程：如机加工、制造、冲压、材料处理、热新过程的接受处理，或采购总成时，作为采购活动的一部分，经常要完成一系列步骤。

供应商处对设备的研究以及随后在顾客处对设备的研究。如果生产用量具不具备资格却被使用。如果不知道是仪器问题，而在寻找制程问题，就会白费努力了。

四、测量系统分析简介

MSA分析方法的分类，如图7－13所示。

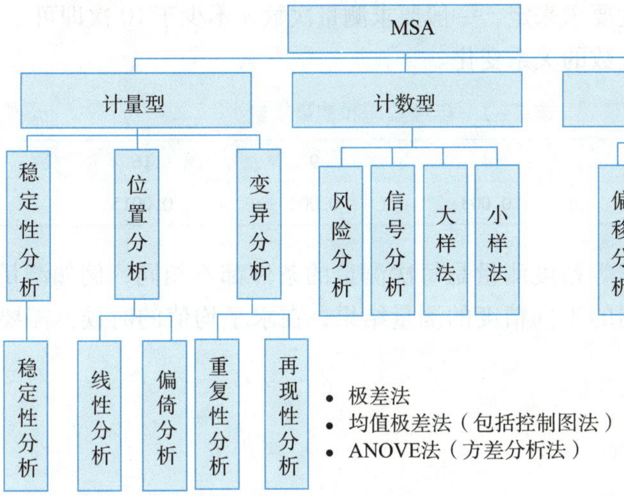

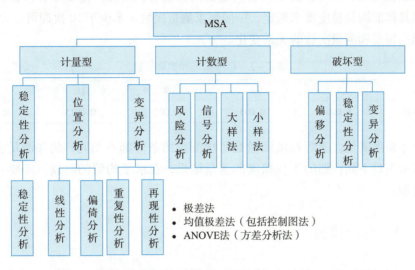

图7－13　测量系统分析方法

五、如何提高检验结果的准确度

（1）系统误差的消除。系统误差对测量结果的影响往往比随机误差的影响还要大，所以通过实验的方法消除系统误差的影响是非常必要的。

①对照检验：所谓对照检验就是以标准样品与被检样品的测量值进行对比，若检验结果符合公差要求，说明操作和测量系统没有问题，检验结果是可靠的。若不符合则一标准量的差值进行修正。

②校准仪器：通过计量检定得到的测定值与真值的偏差，对检验结果进行修正。

③检验结果的修正：通过各种试验求出外界因素影响测量值的程度，之后从检验结果中扣除。

④选择适宜的测量方法。

（2）控制检验环境和测量条件。正确选择测量设备和检验方法，都是保证检验结果的重要因素。

（3）对检验员的要求。由于主观因素的影响，检验员的素质条件不同会造成不同程度的检验误差，只有对检验员严格要求，选择训练有素的检验员，才能高质量地完成检验任务。

①技术性误差：由于检验员违反检验规范而造成的误差。

②粗心大意误差：由于检验员责任心不强、工作马虎造成的误差。

③程序性误差：由于工作程序混乱、不合理而造成的误差。

4. 平均值法

①等精度测量。等精度测量是指每次测量都是在完全相同的条件下进行的测量。在消除系统误差后，等精度多次测量取平均值可以有效提高检验结果的准确度。但增加测量次数提高检验精度，需要耗费大量的人力物力，增加产品成本，所以测量次数一般根据具体的测量精度要求来定，一般要求测量次数 n 不少于10 次即可。表7－1 可以看出标准偏差和测量次数的关系变化。

表7－1　标准偏差和测量次数

次数	1	4	9	16	25
标准偏差	0. 006	0. 003	0. 002	0. 0015	0. 0012

②非等精度测量。非等精度测量是每次测量的条件都不相同，例如测量者、测量环境、测量工具不同得到的不同精度的测量结果，在求平均值的时候，需要对数据进行加权处理。

7. 1. 2　总结提升

本节主要讲述了测量系统的基本概念以及测量系统的统计特性和分析方法。通过本节内容的学习学生应该会对测量系统进行分析评估。

7. 1. 3　活动安排

案例一：小李使用两套不同的测量系统 A 和测量系统 B 测量同一个参数 X，采用测量系统 A 测定 X 时，其重复性测定结果见表7－2；采用测量系统 B 测定 X 时，其再现性测定结果见表7－3；已知 X 的标准值是10，请判断这两套测量系统的可用性。

表7－2　测量系统 A 测量数据

次数	1	2	3	4	5	6	7	8	9	10
结果	11. 5	12. 3	9. 1	9. 5	11. 7	12	10. 5	9. 4	11. 8	12. 2

针对测量系统 A 有

$$\bar{X}_A = \sum_{i=1}^{10} X_i = 11.0$$

$$\Delta X_A = \bar{X}_A - X = 1.0$$

$$\delta_A = \frac{\Delta X_A}{X} \times 100\% = 10\%$$

根据测量系统重复性可接受标准要求，变差达到17%，高于10%，可以使用。

针对测量系统 B 有

表 7-3 测量系统 B 测量数据

次数	1	2	3	4	5	6	7	8	9	10
结果	10.2	10.3	10.4	10.5	10.2	10.4	10.3	10.5	10.4	10.4

$$\bar{X}_B = \sum_{i=1}^{10} X_i = 10.36$$

$$\Delta X_B = \bar{X}_B - X = 0.36$$

$$\delta_B = \frac{\Delta X_B}{X} \times 100\% = 3.6\%$$

根据测量系统重复性可接受标准要求，变差只有是3.6%，低于10%，可以优先使用。

结论：应选用测量系统 B 作为参数 X 的测试系统。

案例二：使用不同的测量系统 A、B 测量某产品信号电压，得到以下结果：

测量系统 A：$\bar{V}_1 = 2.53$ mV　$S_1 = 0.04$ mV

测量系统 B：$\bar{V}_2 = 2.47$ mV　$S_2 = 0.01$ mV

求信号电压，此时若计算 $\bar{V} = \frac{\bar{V}_1 + \bar{V}_2}{2} = 2.50$ mV，就错了。

处理非等精度数据时应加权处理。如在检验中，测量值分别为 V_1、$V_2 \cdots V_n$，其对应的权值分别为 W_1、$W_2 \cdots W_n$，其加权平均值和加权标准偏差为

$$X_W = (W_1X_1 + W_2X_2 + \cdots + W_nX_n)/(W_1 + W_2 + \cdots + W_n)$$

求加权平均值时，权值的计算按权值与精密度（S）平方成反比的关系求出，即

$$W_1 = \frac{1}{S_1^2} = \frac{1}{0.04^2} = 625$$

$$W_2 = \frac{1}{S_2^2} = \frac{1}{0.01^2} = 10000$$

$$V_W = (W_1\bar{V}_1 + W_2\bar{V}_2)/(W_1 + W_2) = (625 \times 2.53 + 10000 \times 2.47)/(625 + 10000)$$
$$= 2.47 \text{ mV}$$

7.2 检验结果的主要分析方法

学习目标

1. 知识目标

（1）了解统计过程控制的基本常识。

（2）掌握 SPC 的基本分析方法。

2. 能力目标

在检验中会使用 SPC 的基本方法进行分析，判断产品质量稳定性。

案例导入

因为小李在设备引进中准确评估了新的检测，表现优异。所以被上级主管部门提拔到生产线担任 QC（质量控制职位），新职责是确保生产线的产品质量稳定，他既高兴又担心，担心自己不能胜任新的岗位，每天检验员都会上报大量的产品检验数据，他应该怎样判断产品质量是否稳定，他应该学习哪方面的知识?

案例分析

小李要想胜任生产线的质量控制职位，必须了解 SPC 统计过程控制，掌握 SPC 的基本分析方法，会判断生产过程的稳定状态，当出现产品质量不稳定时，能及时发现原因并处理。SPC 强调全过程监控、全系统参与，并且强调用科学方法（主要是统计技术）来保证全过程的预防。SPC 不仅适用于质量控制，更可应用于一切管理过程（如产品设计、市场分析等）。正是它的这种全员参与管理质量的思想，实施 SPC 可以帮助企业在质量控制上真正做到事前预防和控制。

7.2.1 必备知识

一、统计过程控制

统计过程控制是应用统计技术对过程中的各个阶段进行评估和监控，建立并保持过程处于可接受的并且稳定的水平，从而保证产品与服务符合规定的要求的一种质量管理技术。

生产实践证明，无论用多么精密的设备和工具，多么高超的操作技术，甚至由同一操作工，在同一设备上，用相同的工具，生产相同材料的同种产品，其加工后的质量特性（如重量、尺寸等）总是有差异，这种差异称为波动，如图 7－14 为波动原因示意图。公差制度实际上就是对这个事实的客观承认。消除波动不是 SPC 的目的，但通过 SPC 可以对波动进行预测和控制。

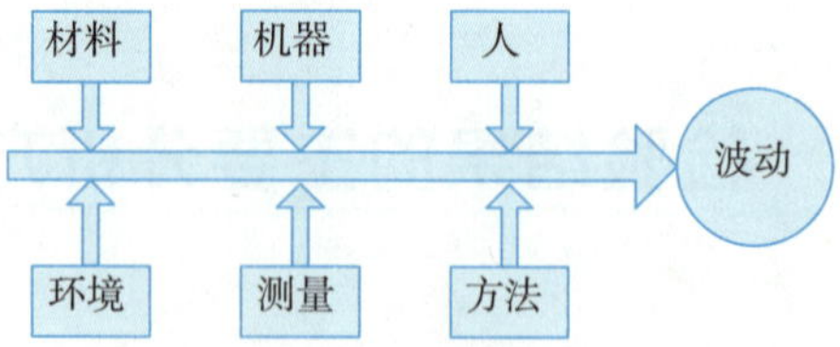

图 7－14　波动原因示意图

波动分为正常波动和异常波动。正常波动是由普通（偶然）原因造成的。如操作方法的微小变动，机床的微小振动，刀具的正常磨损，夹具的微小松动，材质上的微量差异等。正常波动引起工序质量微小变化，难以查明或难以消除。它不能被操作工人控制，只能由技术、管理人员控制在公差范围内。异常波动是由特殊（异常）原因造成的。如原材料不合格，设备出现故障，夹具不良，操作者不熟练等。异常波动造成的波动较大，容易发现，应该由操作人员发现并纠正。

实施 SPC 的过程一般分为两大步骤：首先用 SPC 工具对过程进行分析，如绘制分析用控制图等；根据分析结果采取必要措施：可能需要消除过程中的系统性因素，也可能需要管理层的介入来减小过程的随机波动以满足过程能力的需求。第二步则是用控制图对过程进行监控。

二、SPC 分析方法

1. 因果图法

因果图又称特性要素图。因其形状像树枝或鱼骨，所以又叫树枝图或鱼骨图，如图 7－15 所示。因此产品出现质量问题时，首先要把产生这些问题的原因找到，以便“精准”地解决问题。

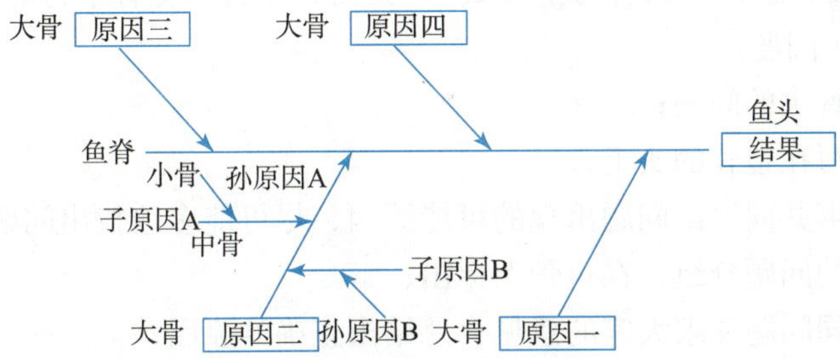

图 7－15 因果图

产品质量是由形成过程中许多因素作用的结果，有些质量问题的原因比较复杂，在这种情况下就可以借助因果图来分析。

制作鱼骨图分两个步骤：分析问题原因/结构、绘制鱼骨图。

第一步，分析问题原因/结构。

（1）针对问题点，选择层别方法（如人员、机器、原料、方法、环境简称“人机料法环”等）；

（2）按头脑风暴分别对各层别类别找出所有可能原因（因素）；

（3）将找出的各要素进行归类、整理，明确其从属关系；

（4）分析选取重要因素；

（5）检查各要素的描述方法，确保语法简明、意思明确。

第二步，分析要点。

（1）确定大要因（大骨）时，现场作业一般从“人机料法环”着手，管理类问题一般从“人事时地物”层别，应视具体情况决定；

（2）大要因必须用中性词描述（不说明好坏），中、小要因必须使用价值判断（如…不良）；

（3）头脑风暴时，应尽可能多而全地找出所有可能的原因，而不仅限于自己能完全掌控或正在执行的内容。对人的原因，宜从行动而非思想态度方面着手分析；

（4）中要因跟特性值、小要因跟中要因间有直接的原因——问题关系，小要因应分析至可以直接下对策；

（5）如果某种原因可同时归属于两种或两种以上因素，请以关联性最强者为准（必要时考虑三现主义：即现时、到现场看、现物，通过相对条件的比较，找出相关性最强的要因归类。）；

（6）选取重要原因时，不要超过七项，且应把原因标识在最末端。

第三步，绘图。

（1）填写鱼头（按为什么不好的方式描述），画出主骨；

（2）画出大骨，填写大要因；

（3）画出中骨、小骨，填写中小要因；

（4）用特殊符号标识重要因素；

要点：绘图时，应保证大骨与主骨成60°夹角，中骨与主骨平行。

第四步，解决问题。

（1）查找要解决的问题；

（2）把问题写在鱼骨的头上；

（3）召集同事共同讨论问题出现的可能原因，尽可能多地找出问题；

（4）把相同的问题分组，在鱼骨上标出；

（5）根据不同问题征求大家的意见，总结出正确的原因；

（6）拿出任何一个问题，研究为什么会产生这样的问题；

（7）针对问题的答案再问为什么？这样至少深入五个层次（连续问五个问题）；

（8）当深入到第五个层次后，认为无法继续进行时，列出这些问题的原因，而后列出至少20个解决方法。

例如，某品牌风扇运转不良，从人员、机器、原料、方法、环境几个方面进行总结，发现各个影响因素，这样有利于全面地分析与探讨问题，最后找出问题的原因，解决并改善，如图7－16所示。

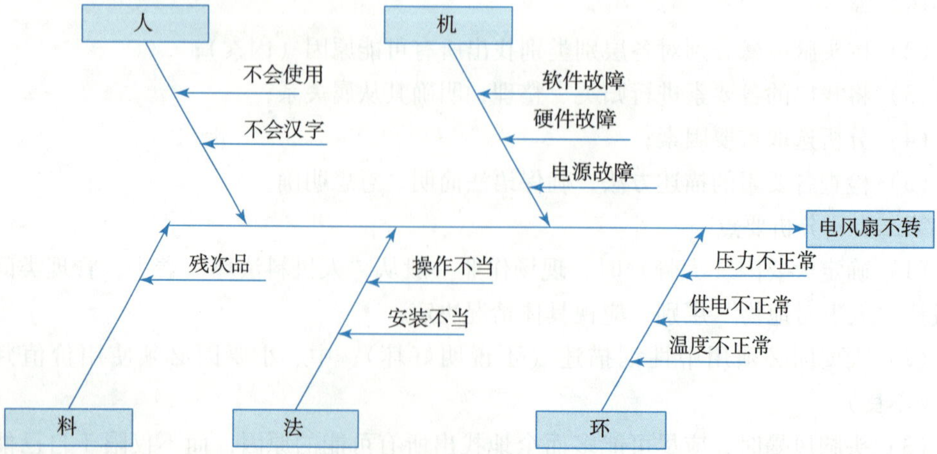

图7－16　风扇不转因果图

2. 控制图

控制图是用于分析和控制过程质量的一种方法。它是一种带有控制界限的反映过程质量的记录图形。用来对过程状态进行监控，并可度量、诊断和改进过程状态。控制界限是应用于一群单位产品集体的量度，这种量度是从一群中各个单位产品所得观测值中计算出来的。图的纵轴代表产品质量特性值（或由质量特性值获得的某种统计量）；横轴代表按时间顺序（自左至右）抽取的各个样本号；图内有中心线（记为 CL）、上控制界限（记为 UCL）和下控制界限（记为 LCL）三条线，如图 7－17 所示。

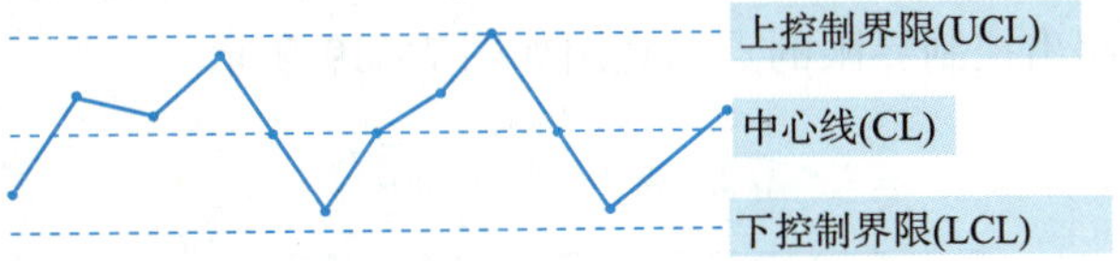

图 7－17　控制图原理

控制图原理：当工序处于稳定状态下，其计量值的分布大致符合正态分布。由正态分布的性质可知：质量数据出现在平均值的正负三个标准偏差（$X \pm 3\sigma$）之外的概率仅为 0.27%。这是一个很小的概率，根据概率论“视小概率事件为实际上不可能”的原理，可以认为：出现在 $X \pm 3\sigma$ 区间外的事件是异常波动，它的发生是由于异常原因使其总体的分布偏离了正常位置。控制限的宽度就是根据这一原理定为 $\pm 3\sigma$。

根据控制限作出的判断也可能产生错误。可能产生的错误有两类。

第一类错误是把正常判为异常，它的概率为 α，也就是说，工序过程并没有发生异常，只是由于随机的原因引起了数据过大波动，少数数据越出了控制限，使人误将正常判为异常。虚发警报，由于徒劳地查找原因并为此采取了相应的措施，从而造成损失。因此，第一种错误又称为徒劳错误。

第二类错误是将异常判为正常，它的概率记为 β，即工序中确实发生了异常，但数据没有越出控制限，没有反映出异常，因而使人将异常误判为正常。漏发警报，过程已经处于不稳定状态，但并未采取相应的措施，从而不合格品增加，也造成损失。

两类错误不能同时避免，减少第一类错误（α），就会增加第二类错误（β），反之亦然，如图 7－18 所示为“α”及“β”风险说明示意图。

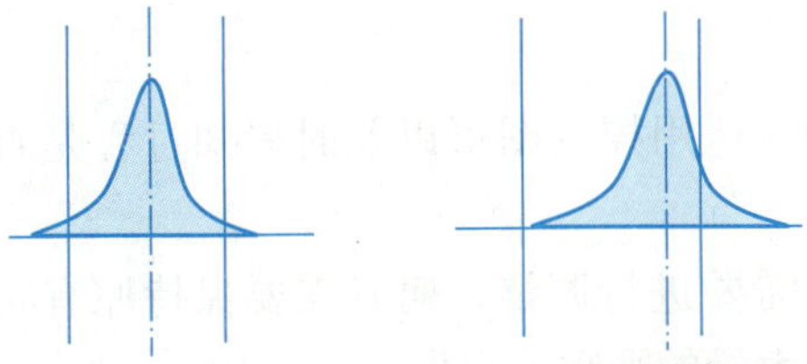

(a)“α”风险　　(b)“β”风险

图 7－18　“α”及“β”风险说明示意图

（1）控制图的用途分类。

①分析用控制图：根据样本数据计算出控制图的中心线和上、下控制界限，画出控制图，以便分析和判断过程是否处于稳定状态。如果分析结果显示过程有异常波动时，首先找出原因，采取措施，然后重新抽取样本、测定数据、重新计算控制图界限进行分析。

②控制用控制图：经过上述分析证实过程稳定并能满足质量要求，此时的控制图可以用于现场对日常的过程质量进行控制。

（2）控制图的判读。

①超出控制界限的点：出现一个或多个点超出任何一个控制界限是该点处于失控状态的主要证据，超出控制界限的点示意图如图7－19所示。

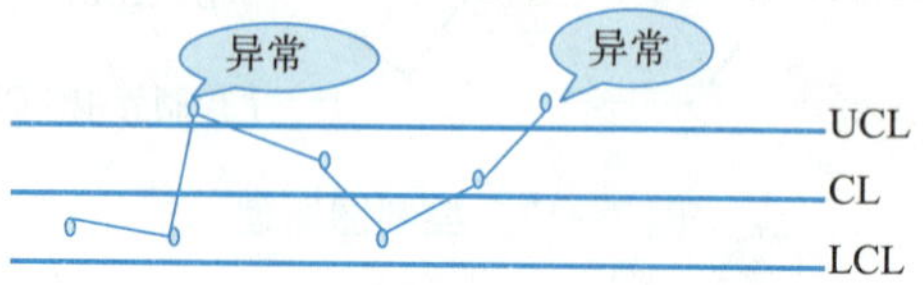

图7－19　超出控制界限的点示意图

②链：有下列现象之一即表明过程已改变，如图7－20所示。

- 连续7点位于平均值的一侧；
- 连续7点上升（后点等于或大于前点）或下降。

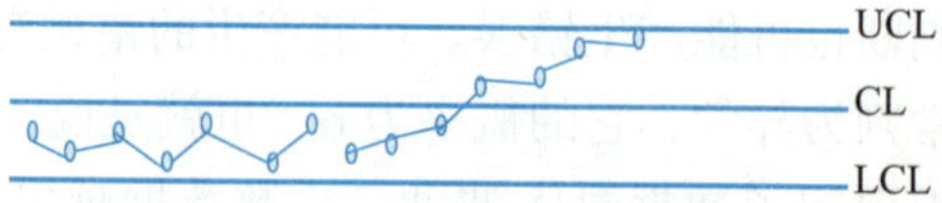

图7－20　超出控制界限的链示意图

③明显的非随机图形：应依正态分布来判定图形，正常应是有2/3的点落于中间1/3的区域，如图7－21所示。

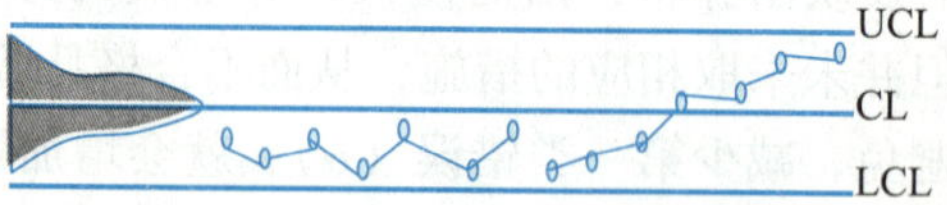

图7－21　非随机图形示意图

（3）控制图的作用。

①评估过程的稳定性。运用控制图可以及时得知过程是否稳定的信息，可以使过程更好受控；

②决定某一过程合适需要进行调整，何时需要保持原有状态，对质量问题和质量事故预期报警，可以减少大量的严重的损失；

③确认某一过程的改良时机。

质量波动的原因（4M1E）引起质量波动的4M1E，即造成质量波动的主要原因有五个方面：

➤人：主要受操作者对质量的认识、技术训练程序、身体状况等。

➤机器：机器设备、工装夹具的精度及维护保养情况。

➤材料：材料的成分、物理性能和化学性能等。

➤方法：包括加工工艺、工装选择、操作规程和测量方法等。

➤环境：工作场所的温度、湿度、照明和清洁条件等。

④偶然因素和特殊因素。

根据对质量影响的大小，将造成质量波动的因素分为偶然因素和特殊因素两类。偶然因素对质量波动的影响小，但却是过程中所固有的，难以消除，特殊因素对质量波动的影响大，但却非过程所有，不难除去。

3. 直方图

直方图是以一组无间隔的直条图表现频数分布特征的统计图，能够直观地显示出数据的分布情况。一般用横轴表示数据类型，纵轴表示分布情况。它通过对收集到的貌似无序的数据进行处理，来反映产品质量的分布情况，判断和预测产品质量及不合格率。

在制作直方图时，牵涉统计学的概念，首先要对资料进行分组，因此如何合理分组是其中的关键问题。按组距相等的原则进行的两个关键数位是分组数和组距。是一种几何形图表，它是根据从生产过程中收集来的质量数据分布情况，画成以组距为底边、以频数为高度的一系列连接起来的直方形矩形图，如图 7－22 所示。

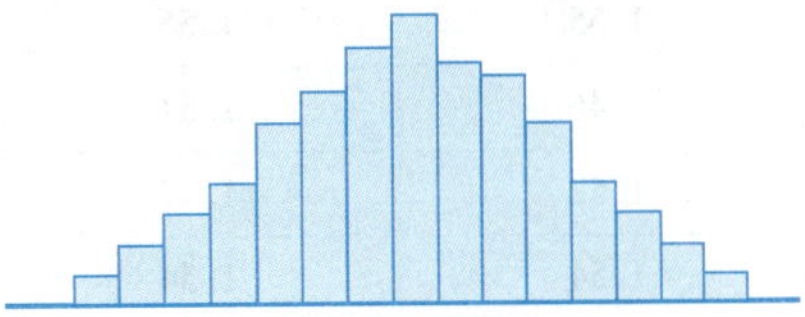

图 7－22　正常形直方图示意图

直方图的作用：

（1）显示质量波动的状态；

（2）较直观地传递有关过程质量状况的信息；

（3）通过研究质量波动状况之后，就能掌握过程的状况，从而确定在什么地方集中力量进行质量改进工作。

7.2.2　总结提升

本节主要讲述了 SPC 质量改进的重要工具，介绍 SPC 分析方法，使用 SPC 用于质量控制，对过程做出可靠的评估，判断过程是否失控和过程是否有能力。可用 SPC 来评价改进的效果并对改进成果进行维持，然后在新的水平上进一步开展改进工作，以达到更强大、更稳定的工作能力。

7.2.3　活动安排

案例一：某信号电流额定电流是 1.50 mA，允许变化范围是 ±0.06 mA，随机在一批单板中抽样 100pcs，测得每个信号电流相应的数据如图表 7－4 所示。请用我们学过的直方图法进行分析。确定该测量系统是否正常。

表 7－4　信号测试电流数据　　单位：mA

1.45	1.47	1.5	1.48	1.5
1.49	1.48	1.51	1.47	1.49
1.52	1.51	1.47	1.53	1.53
1.48	1.51	1.44	1.54	1.46
1.55	1.49	1.45	1.5	1.49
1.46	1.53	1.48	1.53	1.52
1.53	1.5	1.48	1.51	1.49
1.48	1.52	1.46	1.5	1.52
1.49	1.45	1.51	1.47	1.51
1.53	1.49	1.5	1.5	1.48
1.54	1.48	1.49	1.47	1.52
1.55	1.55	1.49	1.54	1.51
1.46	1.51	1.5	1.5	1.5
1.52	1.47	1.5	1.49	1.54
1.54	1.54	1.51	1.47	1.51
1.52	1.51	1.47	1.53	1.53
1.46	1.53	1.48	1.53	1.52
1.53	1.5	1.48	1.51	1.49
1.49	1.45	1.51	1.47	1.51
1.52	1.47	1.5	1.49	1.54

第一步　数据分类，如表 7－5 所示。

表 7－5　数据分类表

数值/mA	次数统计	次数累计	数值/mA	次数统计	次数累计
1.44	X	1	1.50	XXXXXXXXXXXXX	13
1.45	XXXX	4	1.51	XXXXXXXXXXXXXX	13
1.46	XXXXX	5	1.52	XXXXXXXXX	9
1.47	XXXXXXXXX	9	1.53	XXXXXXXXXXX	11
1.48	XXXXXXXXXXX	11	1.54	XXXXXXXX	8
1.49	XXXXXXXXXXXXX	13	1.55	XXX	3

第二步　计算、分组。

计算极差 R（又叫全距）：$R = X_{max} - X_{min} = 1.55 - 1.44 = 0.11$ mA

设定组数：如表 7－6 所示。

表 7 – 6 建议分组表

表 7 – 6　计算、分组

数据总数	50 ~ 100	100 ~ 250	250 以上
建议分组数	6 ~ 10 组	7 ~ 12 组	10 ~ 20 组

计算组距：样品数为 100，可选组数为 10，则组距 $h = R/6 = 0.11/10 = 0.011$

第三步　计算每组的中心、下限并列出频数表，如表 7 – 7 所示。

表 7 – 7　每组的中心、下限与频数表

组别	组距上下限/mA	中心值/mA	频数
1	1.44 ~ 1.451	1.4455	8
2	1.451 ~ 1.462	1.4565	3
3	1.462 ~ 1.473	1.4675	10
4	1.473 ~ 1.484	1.4785	10
5	1.484 ~ 1.495	1.4895	13
6	1.495 ~ 1.506	1.5005	13
7	1.506 ~ 1.517	1.5115	14
8	1.517 ~ 1.528	1.5225	9
9	1.528 ~ 1.539	1.5335	11
10	1.539 ~ 1.550	1.5445	9

第四步　按频数画纵横坐标及直方图，如图 7 – 23 所示。

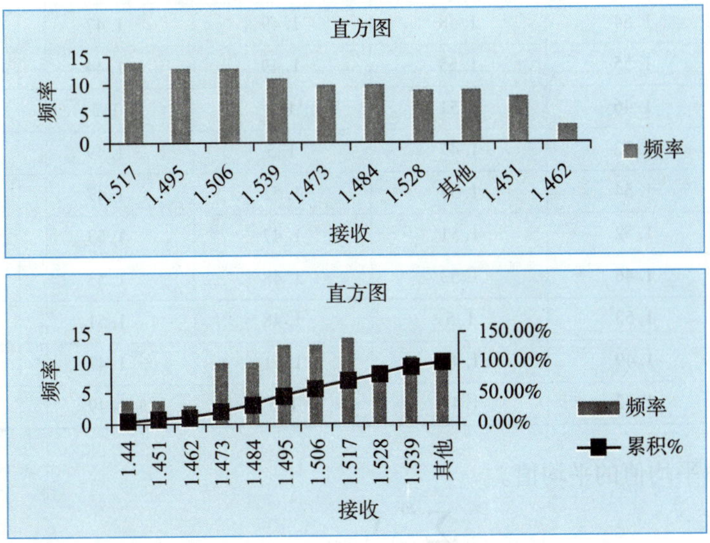

图 7 – 23　电流试验数据直方图

经过分析该样本分布中心与公差中心 M 近似重合，但两边与规格的上、下限紧紧相连，没有余地，表明过程能力已到极限，非常容易出现失控，造成不合格。因此，要立即采取措施，提高过程能力，减少标准偏差。

案例二：某电流测量值 100 个，分 5 组。如表 7－8 所示，要求做出其均值－极差控制图，并进行分析如图 7－24、图 7－25 所示。

（1）收集数据并分组：一般按时间顺序分组。样本量不少于 100，组内样本大小（n）一般在 3～5 个。本例中假设每天为一组，每 4 小时抽样一次，每次抽取五个样本，共取 20 组，组数 $K=20$。

（2）计算各组平均值和 R，如表 7－8 所示。

表 7－8　均值、极差控制表

分组 序号	测值 1	测值 2	测值 3	测值 4	测值 5
1	1.45	1.47	1.5	1.48	1.5
2	1.49	1.48	1.51	1.47	1.49
3	1.52	1.51	1.47	1.53	1.53
4	1.48	1.51	1.44	1.54	1.46
5	1.55	1.49	1.45	1.5	1.49
6	1.46	1.53	1.48	1.53	1.52
7	1.53	1.5	1.48	1.51	1.49
8	1.48	1.52	1.46	1.5	1.52
9	1.49	1.45	1.51	1.47	1.51
10	1.53	1.49	1.5	1.5	1.48
11	1.54	1.48	1.49	1.47	1.52
12	1.55	1.55	1.49	1.44	1.51
13	1.46	1.51	1.5	1.5	1.5
14	1.52	1.47	1.5	1.49	1.54
15	1.54	1.54	1.51	1.47	1.51
16	1.52	1.51	1.47	1.53	1.53
17	1.46	1.53	1.48	1.53	1.52
18	1.53	1.5	1.48	1.51	1.49
19	1.49	1.45	1.51	1.47	1.51
20	1.52	1.47	1.5	1.49	1.54

（3）计算平均值的平均值。

$$\bar{\bar{X}} \frac{\sum_{i=1}^{20} \bar{X}_i}{20} = 1.4989$$

极差的平均值：

$$\bar{R}=\frac{\sum_{i=1}^{20}R_i}{20}=0.066$$

(4) 计算控制界限。

对于 $\bar{X}$ 图：

$$UCL=\bar{\bar{X}}+A_2\bar{R};\ LCL=\bar{\bar{X}}-A_2\bar{R};\ CL=\bar{\bar{X}}$$

对于 R 图：

$$UCL=D_4\bar{R};\ LCL=D_3\bar{R};\ CL=\bar{R}$$

A_2、D_3、D_4 一般依据查表得出，如表7-9所示。

表7-9　控制参数表

样本大小 n	均值控制图			图			
	A	A_2	A_3	D_1	D_2	D_3	D_4
2	2.121	1.880	2.659	0	3.686	0	3.267
3	1.732	1.023	1.954	0	4.358	0	2.574
4	1.500	0.729	1.682	0	4.698	0	2.282
5	1.342	0.577	1.472	0	4.918	0	2.115

查表 $n=5$，$A_2=0.577$，则

$$UCL=\bar{\bar{X}}+A_2\bar{R}=1.4989+0.577\times0.066=1.5369$$

$$LCL=\bar{\bar{X}}-A_2\bar{R}=1.4989-0.577\times0.066=1.4608$$

$$CL=\bar{\bar{X}}=1.4989。$$

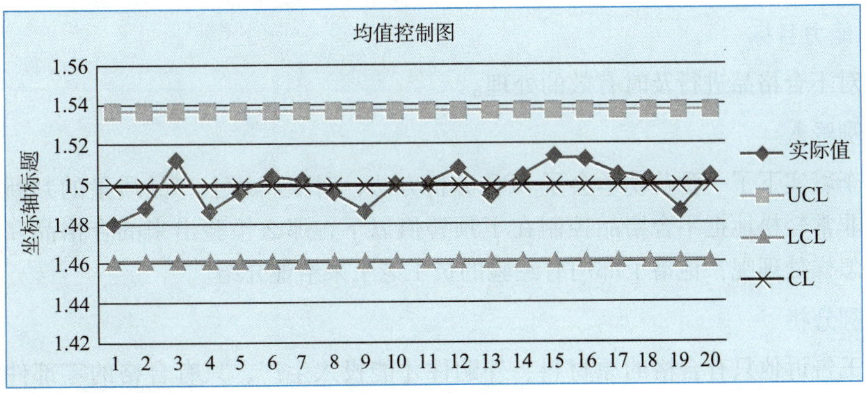

图7-24　检验数据均值控制图

对于 R 图

$$UCL=D_4\bar{R}=2.115\times0.066=0.1395;$$

$$LCL=D_3\bar{R}=0;$$

$$CL=\bar{R}=0.066$$

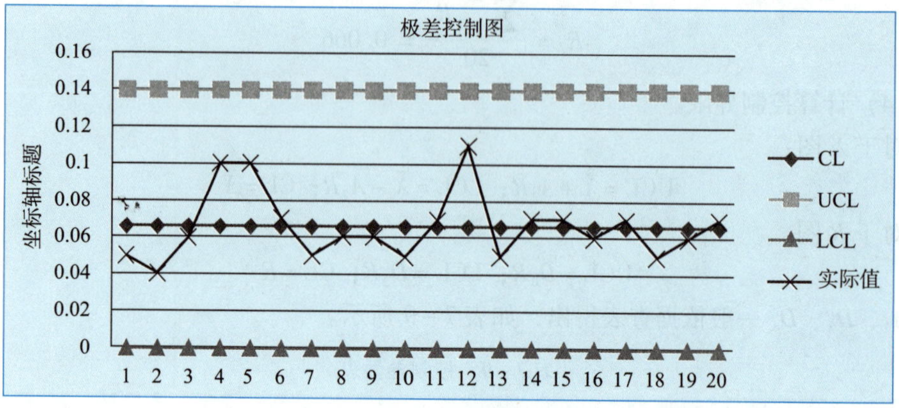

图 7-25　检验数据均值控制图

从上述两个图可以看出实际值的分布点并不存在异常，从而可以确认此过程是稳定的。

7.3　检验分析结果的主要应用

学习目标

1. 知识目标

（1）了解产品检验状态的分类及处理。

（2）掌握不合格品的控制方法。

2. 能力目标

能对不合格品进行及时有效的处理。

案例导入

小李着实下了一番苦功学会了 SPC 分析方法，对生产线上产品质量的判断着实有效，他非常轻松地把不合格品控制在了预警值以下，那么检验出来的合格品和不合格品应该怎样处理呢？他请了部门有经验的员工老王来给他介绍。

案例分析

老王告诉他只有合格的原材料、外购件才能投入生产，只有合格的零部件才能转序或组装，只有合格的产品才能出厂发送给客户。因此需要正确区分和管理原材料、零部件、外购件、成品等产品所处的检验和试验状态，并以恰当的方式标识，以标明是否经过检验和试验，检验后是否合格等状态是非常重要的，如果这个做不好那么前面辛苦的工作就白费了。所以了解产品的检验和检验状态分类、管理，不合格产品的处理是非常重要的。

7.3.1 必备知识

一、检验和试验状态的分类

（1）产品未经检验或待检的；

（2）产品已经检验但尚待判定；

（3）产品通过检验合格的；

（4）产品通过检验判定为不合格的。

二、检验和试验状态的管理

（1）做好标识，可用标签、印章、生产路线卡、划分存放区域等方法标明不同的检验和试验状态；

（2）做好标识保护，防止涂改、丢失等而造成误用或混用；

（3）相关标识的发放和控制应安排专人管理。

注意：企业应正确区别产品标识和检验及试验状态标识，产品标识是产品在整个生产过程中自始至终的唯一标识，当需要时可以追溯。而检验及试验状态标识在每个过程中有相应的标识，是动态的。

三、检验及试验结果

根据检验结果并与相应的产品标准做对比，检验及试验结果可分两类：合格和不合格。合格品就是满足要求的产品，不合格品就是不满足要求的产品。

四、不合格品的控制

1. 不合格的处置

（1）采取措施，消除发现的不合格；

（2）经有关授权人员批准，适用时经顾客批准，让步使用，放行或接收不合格品；

（3）采取措施，防止不合格品非预期后果的发生。

同时，应保留不合格的性质及随后所采取临时措施的相关记录，包括批准的让步记录。对纠正后的产品应再次进行验证，以确认符合要求，当在交付或开始使用后发现产品不合格时，应采取与不合格的影响的程度相适应的措施。

2. 不合格品的控制

（1）标识：经检验或其他方法一旦发现不合格品，就要及时对不合格品进行标识；

（2）隔离：发现不合格品时，完成标识后要立即隔离，即将不合格品和合格品隔离存放，并以检验状态标识予以区别；

（3）记录：做好不合格产品的记录，确定不合格品的范围，如产品型号、规格、批次、时间、地点等；

（4）评价：规定由谁或哪个部门来主持评价，由哪些人员参加，各自所赋予的权限，以共同确认是否能返工、返修、让步接收、降级或报废。

3. 不合格品的评审和处置

不合格品的评审和处置，必须以书面的方式授权相关责任人或责任部门主持不合格品的评审，形成书面的处置要求，由相关责任部门负责对不合格品进行返工、返修、报废等事项的实施。

（1）返工。返工后需经重新检验，符合规定要求即合格后才能转序。

（2）返修。返修后需要经重新检验，虽不能符合规定要求，但能满足预定的使用要求，经检验符合放宽的规定后才能转序。

（3）让步放行或降级使用。虽不能符合规定要求，但能满足预定的使用要求，经检验符合放宽的规定后才能转序。

（4）拒收或报废。对外购件的拒收，应书面通知供方换货或退货，而对报废处置，除参与评审的相关人员确认外，还应得到企业领导的批准。

（5）纠正与预防措施。当产品出现质量问题时，特别是重大质量问题，应找出不合格产生的主要原因，采取纠正措施，对潜在的不合格原因采取预防措施。

7.3.2 总结提升

本节主要讲述了检验和试验状态的分类、管理。不合格产品的控制等知识。通过本节内容的学习，学生应该会对产品检验状态、处理有全面的认识，能妥善地处理好不合格品是本节的重点。

7.4 建立电子产品测试成熟度模型

学习目标

1. 知识目标

（1）了解 TMM 模型框架。

（2）了解 TMM 成熟度等级。

2. 能力目标

能建立简单的产品测试成熟度模型。

案例导入

小李对 QC 的工作已经非常熟悉了，积累了很多实战经验。闲暇之余，他想怎么样才能提高电子检测的效率呢？下一步的职业规划应该向什么方向发展，他应该学习哪方面的知识？

案例分析

许多公司在提高测试效率时往往着重在人力、物力上，最终却发现收效甚微，其主要原因在于测试过程本身不合理。测试过程没有等级化的成熟度考量，缺少改进的指导与动力。使得测试专家和刚进入测试领域的新人要进行测试过程自身评估和改进缺乏理论性的指导和支持。

TMM 测试成熟度模型（Testing Maturity Model，TMM），针对测试领域进行详细阐述，补充了这方面的不足，对测试专家、质量专家要进行测试过程自身评估和改进提供了极大帮助。对于刚进入测试领域的新人，也不失为了解测试规范要求、理清自身学习和发展思路的好参考。

7.4.1　必备知识

一、TMM 模型框架

TMM 定义了五个成熟度等级，每个等级代表着一个成熟的测试过程，达到高等级意味着应继续实施低等级的实践。除了等级 1 外，每个等级都有一系列成熟度目标、子目标、活动、任务和职责。模型框架如图 7－26 所示。

成熟度目标定义了达到该等级必须实现的测试改进目标，成熟度子目标更为具体，定义了该等级的范围、界限和需要完成的事项。要达到某个成熟度等级，组织必须满足这个等级的成熟度目标。通过活动、任务、职责来达到成熟度子目标，活动、任务、职责涉及实施和组织调整问题。活动和任务定义了如果要改进测试能力达到某个等级所要做出的行动，它们与组织的承诺有关。模型中为三组人分配了职责，这三组人是测试过程中的关键参与者：管理者、开发者、测试者、客户，模型中称为关键角度。

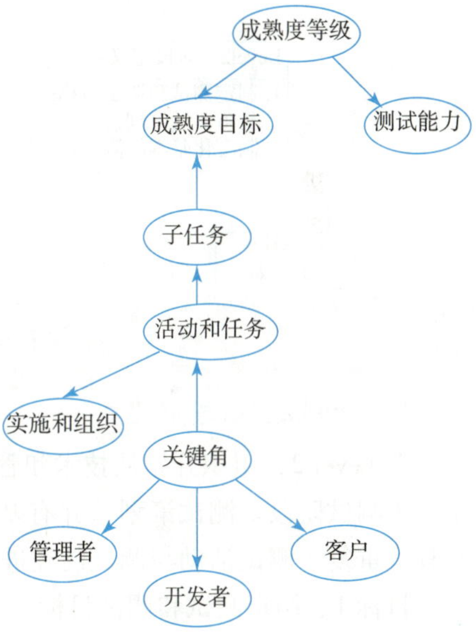

图 7－26　TMM 模型框架

三个关键角度包括：

（1）管理者角度：包括承诺，及完成改进测试过程成熟度相关的活动和任务的能力。

（2）开发者、测试者角度：包括技术上的活动和任务，这些活动和任务来自成熟的测试实践。

（3）用户、客户角度：定义为一个协作或支持角度。开发者和测试者与客户组一起实施质量相关的活动和任务，关注面向用户的需求。

二、TMM 成熟度等级介绍

每个等级的成熟度目标，如图 7－27 所示。

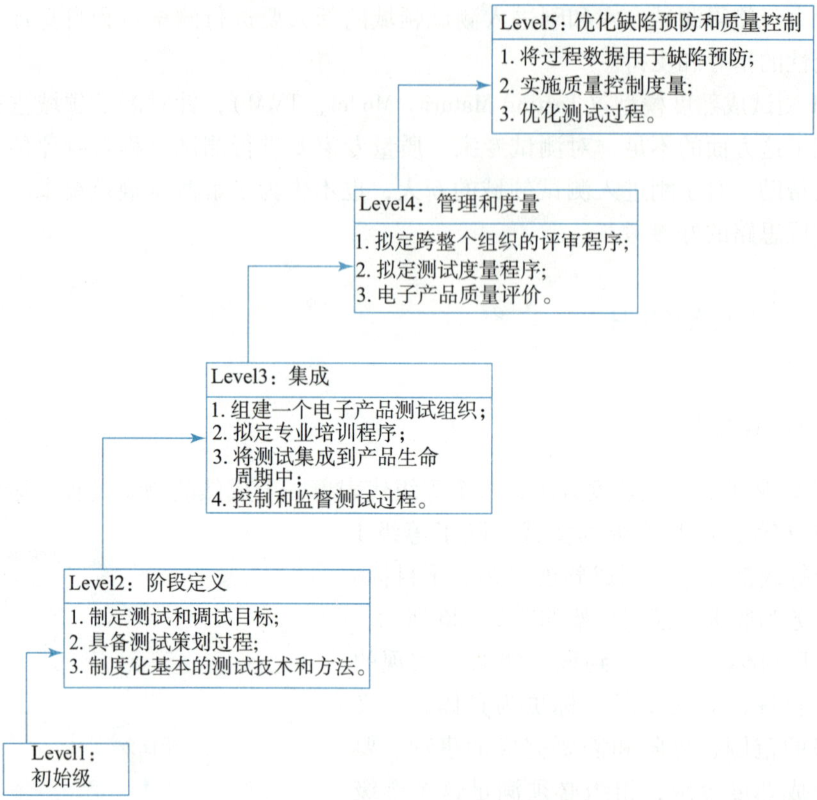

图 7－27　TMM 成熟度等级

1. Level 2：阶段定义

在 Level 2，组织开始从技术和管理两方面促进测试过程成熟化，产品生命周期中定义了测试阶段。测试策划，并有基本的方法和工具支持，在所有的产品项目中测试过程可重复。测试活动与调试已经进行分离，其实调试活动更难策划。

目标 1、制定测试和调试目标。

测试和调试有明显区别，分别为这两个活动定义目标、任务、活动和工具并分配职责。分这两个活动对提高测试成熟度非常重要。在这个等级，“测试”已被策划，因此才能被管理；然而调试管理要复杂得多，因为很难预测会发生多少缺陷、修复需要多长时间。调试相关的活动经常导致过程不可预见，项目经理必须安排缺陷定位、修复、重新测试的时间和资源。到了 TMM 高等级后，调试管理会容易一些，因为可参考以往项目的缺陷详细信息和修复数据。

目标 2、具备测试策划过程。

一个过程只有被策划，才能做到可重复、可定义和可管理。测试策划书需要陈述目的、分析风险、概述测试策略、编写测试设计说明书及测试用例。测试策划还需要包括测试完成准则、测试活动的所有资源、进度、职责，包括单元、集成、系统、验收多种层次的测试。

目标3、制度化基本的测试技术和方法。

必须在整个组织中实施基本的测试技术和方法，要清晰规定如何、何时实施，以及基本的支持工具。基本的测试技术和方法例子包括：黑盒、白盒测试策略；使用需求验证矩阵；区分阶段式测试：单元、集成、系统、验收测试。

2. Level 3：集成

Level 3 中，测试活动扩展到一系列已充分定义的活动，并集成到产品生命周期的所有阶段中。这个等级的管理还包括组建和培训一个产品测试组，负责所有层次的测试，并与质量保证专家一起，充当客户组的联络人，保证他们参与到测试过程中。

目标1、组建一个电子产品测试组织。

测试与产品质量息息相关，并由一系列复杂、进度紧、压力大的活动构成，因此需要一支充分培训、奉献精神的团队，Level 3 所组建的测试组负责：测试策划、执行和记录；缺陷跟踪；测试度量；建立测试数据库；测试重用；测试跟踪和评价。

目标2、拟制专业培训程序。

通过专业培训程序，确保为测试组提供具备技能的人员。专业培训内容应包括：测试策划，测试方法、标准、技术和工具，审查过程，如何支持用户参与测试和评审过程等。

目标3、将测试集成到产品生命周期中。

测试活动与产品生命周期所有阶段并行开展，而并非独立进行，这对测试过程成熟度和产品质量至关重要。集成的体现包括在生命周期的早期开始进行测试策划，在生命周期不同阶段中，通过多种渠道邀请用户参与测试过程。

目标4、控制和监督测试过程。

监督和控制测试过程提供了与之相关活动的可视性，确保测试过程能依据策划进行。通过与测试策划对比实际的测试工作产品、投入工作量、成本和进度，来体现测试进展。

控制和监督的支持包括：测试产品所用标准、测试里程碑、测试日志、测试相关的风险应急计划、可用于评价测试进展和效率的测试度量数据，以及测试相关项的配置管理。

3. Level 4：管理和度量

Level 4 中的测试活动是完全被管理的；有策划、有指导、人员具备技能、有组织、可控制。管理层、SQA、测试者们定义、收集、分析和使用测试相关的度量数据。测试活动的定义正式扩展到整个生命周期中的审查活动，同行评审和审查作为基于实现的测试活动的补充，它们被认为是质量控制程序，用以移除电子产品的缺陷。

目标 1、拟定跨整个组织的评审程序。

Level 3 中，组织将测试活动集成到产品生命周期中，Level 4 中，这个集成扩展到拟定一个正式的评审程序。同行评审（包括审查和走查两种形式）被认为是测试活动，在生命周期所有阶段中实施同行评审，更早、更有效地识别、记录、移除软件工作产品和测试工作产品中的缺陷。

目标 2、拟定测试度量程序。

拟定测试度量程序对评价测试过程的质量和效率、评估测试人员生产力、监督测试过程改进很重要，必须谨慎策划和管理测试度量程序，程序中应识别收集哪些测试数据，决定由谁、如何来使用这些数据。

目标 3、电子产品质量评价。

这个 Level 的电子产品质量评价，目的之一是判断测试过程的充分性。电子产品质量评价需要组织为每种类型的电子产品工作产品，定义可度量的质量属性和质量目标。质量目标与测试过程充分性密切相关，因为成熟的测试过程应能保证电子产品可靠、可用、可维护、可移植和安全。

4. Level 5：优化/缺陷预防和质量控制

Level 5 中，测试首先要保证产品满足规格说明书、可靠，并对它的可靠性有一种确定的信心。其次，测试要处理缺陷和预防缺陷，这点通过收集和分析缺陷数据来实现。由于这时候的测试活动可重复、已管理、已定义和已度量，就可以进行调整和持续改进。

目标 1、将过程数据用于缺陷预防。

成熟的组织会吸取自身的教训。TMM 最高等级中，组织将记录缺陷，分析缺陷模式，识别导致错误的根本原因，制定预防缺陷再次发生的行动计划。并组建缺陷预防组负责缺陷预防行动，与开发人员一起在整个生命周期中实施缺陷预防行动。

目标 2、实施质量控制度量。

Level 4 中，组织通过一些质量属性来关注测试，比如正确性、安全性、可移植性、可维护性等。Level 5，组织使用统计抽样、信心等级度量、可信赖性、可靠性目标来促进测试过程。测试组和 SQA 组是质量领导者，与产品设计开发者一起，运用各种技术和工具减少缺陷，改进产品质量。组织可以通过自动测试工具、基于使用模型的统计测试方法等，提高测试充分性和信心等级。

目标 3、优化测试过程。

Level 5 中，在整个项目和整个组织中进行测试过程的持续改进，测试过程是量化的、可以优化调整的。组织应具备一套由上至下的方针、标准、培训、设备、工具和组织结构，以支持持续的成熟度提高。

优化测试过程通常通过以下步骤进行：

（1）识别需要改进的测试实践；

（2）实施改进；

（3）跟踪进展；

（4）评价新的测试相关技术和方法，决定是否采纳；
（5）支持技术转移。

7.4.2　总结提升

本节主要讲述了电子产品测试成熟度模型等一些知识。通过本节内容的学习学生应该对电子产品测试成熟度等级有全面的认识，能够分析所处产品测试成熟度处于什么等级阶段，以后的发展目标。

7.4.3　活动安排

小李认真考察了本部门的产品测试成熟度状况，绘制了以下图表，请你判断他的公司现在处于哪个成熟度等级？并请你参考图7－28画出你所在单位或测试组的产品测试成熟度模型。

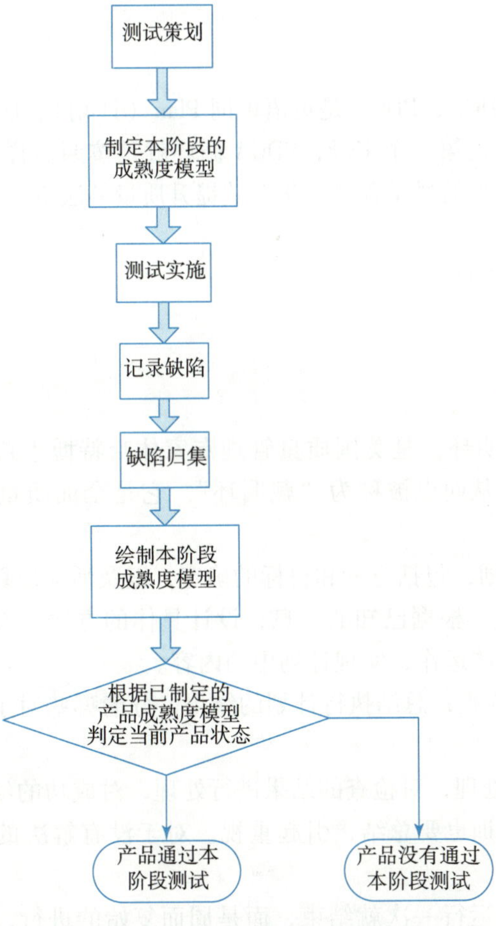

图7－28　电子产品测试成熟度模型

7.5 形成 PDCA 的持续改进

学习目标

1. 知识目标

（1）了解什么是 PDCA。

（2）掌握 PDCA 的执行步骤。

2. 能力目标

能针对具体电子检验活动开展 PDCA 可持续性改进。

案例导入

经过前面的学习，小李自信满满，踌躇满志，想要针对所在部门开展一项大的检验质量提升活动，并长效的推广下去。该怎么办呢？他只能向公司的质量专家老李寻求帮助了。

案例分析

老李给他介绍了 PDCA，PDCA 是英语单词 Plan（计划）、Do（执行）、Check（检查）和 Action（处理）的第一个字母，PDCA 循环就是按照这样的顺序进行质量管理，并且循环不止地进行下去的科学程序。是有效提升质量的法宝。

7.5.1 必备知识

一、PDCA 的定义

PDCA 循环又叫戴明环，是美国质量管理专家休哈特博士首先提出的，由戴明采纳、宣传，获得普及，从而也被称为“戴明环”。它是全面质量管理所应遵循的科学程序。

（1）P（Plan）计划，包括方针和目标的确定，以及活动规划的制定。

（2）D（Do）执行，根据已知的信息，设计具体的方法、方案和计划布局；再根据设计和布局，进行具体运作，实现计划中的内容。

（3）C（Check）检查，总结执行计划的结果，分清哪些对了，哪些错了，明确效果，找出问题。

（4）A（Action）处理，对检查的结果进行处理，对成功的经验加以肯定，并予以标准化；对于失败的教训也要总结，引起重视。对于没有解决的问题，应提交给下一个 PDCA 循环中去解决。

以上四个过程不是运行一次就结束，而是周而复始的进行，一个循环完了，解决一些问题，未解决的问题进入下一个循环，PDCA 循环是爬楼梯上升式的循环，每转动一周，质量就提高一步 PDCA 循环是综合性循环，4 个阶段是相对的，它们之间不是截然分开的，大环套小环，小环保大环，互相促进，推动大循环。推动 PDCA 循环的关键是“处理”阶段。

二、PDCA 的执行

PDCA 循环在制造过程中对于质量改进的作用，按照“四阶段、八步骤”的宗旨进行，如图 7－29 所示。

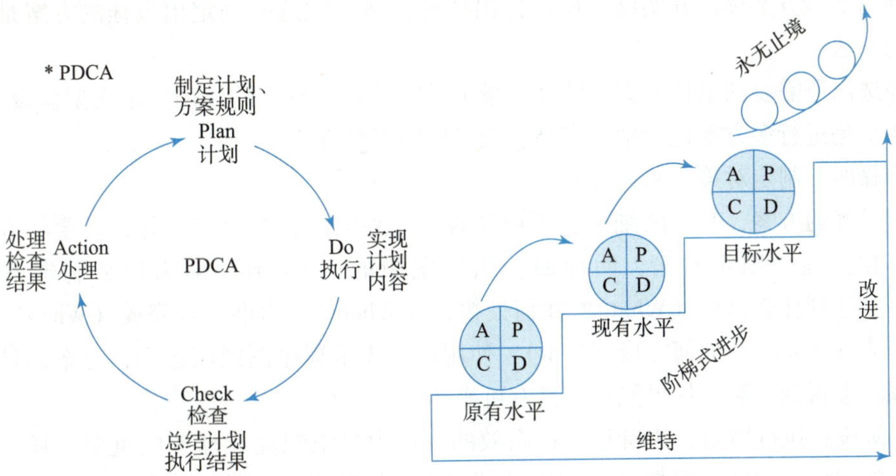

图 7－29　PDCA 循环示意图

P 阶段：即根据顾客的要求和组织的方针，为提供结果建立必要的目标和过程。

步骤一：选择课题，分析现状，找出问题。

强调的是对现状的把握和发现问题的意识、能力，发现问题是解决问题的第一步，是分析问题的条件。

课题是本次研究活动的切入点，课题的选择很重要，如果不进行市场调研，论证课题的可行性，就可能带来决策上的失误，有可能在投入大量人力、物力后造成设计开发的失败。如果是新产品设计开发，那么所选择的课题范围是以满足市场需求为前提，以企业获利为目标。同时也需要根据企业的资源、技术等能力来确定开发方向。选择课题时可以使用调查表、排列图、水平对比等方法，使头脑风暴能够结构化呈现较直观的信息，从而做出合理决策。

步骤二：设定目标，分析产生问题的原因。

找准问题后分析产生问题的原因至关重要，运用头脑风暴法等多种集思广益的科学方法，把导致问题产生的所有原因统统找出来。

明确研究活动的主题后，需要设定一个活动目标，也就是规定活动所要做到的内容和达到的标准。目标可以是定性＋定量化的，能够用数量来表示的指标要尽可能量化，不能用数量来表示的指标也要明确。目标是用来衡量实验效果的指标，所以设定应该有依据，要通过充分的现状调查和比较来获得。制订目标时可以使用关联图、因果图来系统化的揭示各种可能之间的联系，同时使用甘特图来制订计划时间表，从而可以确定研究进度并进行有效的控制。

步骤三：提出各种方案并确定最佳方案，区分主因和次因是最有效解决问题的关键。

创新并非单纯指发明创造的创新产品，还可以包括产品革新、产品改进和产品仿制等。其过程就是设立假说，然后去验证假说，目的是从影响产品特性的一些因素中去寻找出好的原料搭配、好的工艺参数搭配和工艺路线。然而现实条件中不可能把所有想到的实验方案都展开实施，所以提出各种方案后优选并确定出最佳的方案是较有效率的方法。

筛选出所需要的最佳方案，统计质量工具能够发挥较好的作用。正交试验设计法、矩阵图都是进行多方案设计中效率高、效果好的工具方法。

步骤四：制定对策、制订计划。

有了好的方案，其中的细节也不能忽视，计划的内容如何完成好，需要将方案步骤具体化，逐一制定对策，明确回答出方案中的“5W1H”即为什么制定该措施（Why）？达到什么目标（What）？在何处执行（Where）？由谁负责完成（Who）？什么时间完成（When）？如何完成（How）？使用过程决策程序图或流程图，方案的具体实施步骤将会得到分解。尽可能使其具有可操性。

D 阶段：执行措施、执行计划；高效的执行力是组织完成任务的重要一环。即按照预定的计划、标准，根据已知的内外部信息，设计出具体的行动方法、方案，进行布局；再根据设计方案和布局，进行具体操作，努力实现预期目标的过程。

步骤五：设计出具体的行动方法、方案，进行布局，采取有效的行动；产品的质量、能耗等是设计出来的，通过对组织内外部信息的利用和处理，做出设计和决策，是当代组织最重要的核心能力。设计和决策水平决定了组织执行力。

对策制定完成后就进入了实验、验证阶段也就是做的阶段。在这一阶段除了按计划和方案实施外，还必须要对过程进行测量，确保工作能够按计划进度实施。同时建立起数据采集，收集起过程的原始记录和数据等项目文档。

C 检查效果。即确认实施方案是否达到了目标。

步骤六：效果检查，检查验证、评估效果。

方案是否有效、目标是否完成，需要进行效果检查后才能得出结论。将采取的对策进行确认后，对采集到的证据进行总结分析，把完成情况同目标值进行比较，看是否达到了预定的目标。如果没有出现预期的结果时，应该确认是否严格按照计划实施对策，如果是，就意味着对策失败，那就要重新进行最佳方案的确定。

A 阶段处置

步骤七：标准化，固定成绩；标准化是维持企业治理现状不下滑，积累、沉淀经验的最好方法，也是企业治理水平不断提升的基础。可以这样说，标准化是企业治理系统的动力，没有标准化，企业就不会进步，甚至下滑。

对已被证明的有成效的措施，要进行标准化，制定成工作标准，以便以后的执行和推广。

步骤八：问题总结，处理遗留问题。所有问题不可能在一个 PDCA 循环中全部解决，遗留的问题会自动转进下一个 PDCA 循环，如此，周而复始，螺旋上升。

对于方案效果不显著的或者实施过程中出现的问题，进行总结，为开展新一轮的 PDCA 循环提供依据。例如，设计一个新型开关电源，完成一轮循环后，进行效果检查时发现其中一项的电源纹波性能指标未达到标准要求，总结经验后进入第二轮 PDCA 循环，按计划重新实施后达到了目标值。

电子产品的检验只是对产品质量特性状况的一种确认，并通过电子产品的检验来确认原材料，零部件以及产成品的质量水平，从而发现问题，触发 PDCA 管理流程，以最终提升产品的质量特性。

7.5.2 总结提升

本节主要讲述了 PDCA 可持续改进等质量管理知识。通过本节内容的学习学生应该会对产品的质量管理有全面的认识，理解 PDCA 循环是本节的重点。

7.5.3 活动安排

小李认真地学习了 PDCA，觉得这个方法非常好，很实用，决定立即从本部门开始执行 PDCA 可持续质量改进活动，请你以身边的测试环境为例，应该怎样开展 PDCA 可持续改进？

7.6 项目验收

（1）如何判定一个测量系统是否符合使用要求？

（2）在数据处理中，你经常会使用什么数据分析方法？各有什么优缺点？

（3）数据分析的目的是什么？如何处理分析结果？

（4）你如何理解 PDCA 的工作方法？你觉得你日常工作生活中什么地方运用了 PDCA 的方法？

（5）针对电子产品的测试系统，为何制造商和客户的测试系统必须统一？同时必须有同样的检验标准？

项目评价

请反思在本项目进程中你的收获和疑惑，写出你的体会和评价。

项目总结与评价表

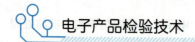

<table>
<tr><th>内容</th><th colspan="2">你的收获</th><th>你的疑惑</th></tr>
<tr><td>获得知识</td><td colspan="2"></td><td></td></tr>
<tr><td>掌握方法</td><td colspan="2"></td><td></td></tr>
<tr><td>习得技能</td><td colspan="2"></td><td></td></tr>
<tr><td colspan="4">学习体会</td></tr>
<tr><td rowspan="3">学习评价</td><td>自我评价</td><td colspan="2"></td></tr>
<tr><td>同学互评</td><td colspan="2"></td></tr>
<tr><td>老师寄语</td><td colspan="2"></td></tr>
</table>

参考文献

［1］李明生．电子测量仪器［M］．北京：高等教育出版社，2002.

［2］管莉．电子产品检验实习［M］．北京：电子工业出版社，2003.

［3］丁向荣，刘政．电子产品检验技术［M］．北京：化学工业出版社，2010.

［4］刘豫东，李春雷，曹德跃．电子产品检验［M］．北京：高等教育出版社，2009.

［5］肖诗唐，王毓芳．质量检验试验与统计技术［M］．北京：中国计量出版社，2001.

［6］解相吾，解文博，胡望波．电子生产工艺实践教程［M］．北京：人民邮电出版社，2008.